重庆市骨干高等职业院校建设项目规划教材
重庆水利电力职业技术学院课程改革系列教材

电工测量

主　编　刘露萍　林　珑
副主编　高长璧　张过有
主　审　伍家洁

黄河水利出版社

·郑　州·

内 容 提 要

本书是重庆市骨干高等职业院校建设项目规划教材、重庆水利电力职业技术学院课程改革系列教材之一,由重庆市财政重点支持,根据高职高专教育电工测量课程标准及理实一体化教学要求编写而成。本书以项目的形式介绍测量的基本知识和常用电工仪表的结构与工作原理,交、直流电路中重要参数的测量及直流稳压电源、调压器、万用表、电桥、功率表等测量设备的结构原理及使用方法,磁电系仪表、电磁系仪表的结构原理及使用。

本书参考了有关行业的职业技能鉴定规范及技术人员等级考核标准,可作为高等职业院校电气类专业教材,也可作为行业部门技术人员岗位培训教材及自学用书。

图书在版编目(CIP)数据

电工测量/刘露萍,林珑主编. —郑州:黄河水利出版社,2016.11

重庆市骨干高等职业院校建设项目规划教材

ISBN 978 - 7 - 5509 - 1593 - 0

Ⅰ.①电… Ⅱ.①刘… ②林… Ⅲ.①电气测量 - 高等职业教育 - 教材 Ⅳ.①TM93

中国版本图书馆 CIP 数据核字(2016)第 302537 号

组稿编辑:王路平 电话:0371-66022212 E-mail:hhslwlp@163.com

出 版 社:黄河水利出版社 网址:www.yrcp.com
　　　　地址:河南省郑州市顺河路黄委会综合楼14层 邮政编码:450003
发行单位:黄河水利出版社
　　　　发行部电话:0371-66026940、66020550、66028024、66022620(传真)
　　　　E-mail:hhslcbs@126.com
承印单位:河南承创印务有限公司
开本:787 mm×1 092 mm 1/16
印张:6.25
字数:140 千字 印数:1—2 000
版次:2016 年 11 月第 1 版 印次:2016 年 11 月第 1 次印刷
定价:16.00 元

前　言

　　按照"重庆市骨干高等职业院校建设项目"规划要求,发电厂及电力系统专业是该项目的重点建设专业之一,由重庆市财政支持、重庆水利电力职业技术学院负责组织实施。按照子项目建设方案和任务书,通过广泛深入的行业、市场调研,与行业、企业专家共同研讨,不断创新基于职业岗位能力的"岗位导向,学训融合"的人才培养模式,以水力发电行业企业一线的主要技术岗位所需核心能力为主线,兼顾学生职业迁徙和可持续发展需要,构建基于职业岗位能力分析的教学做一体化课程体系,优化课程内容,进行精品资源共享课程与优质核心课程的建设。经过三年的探索和实践,已形成初步建设成果。为了固化骨干建设成果,进一步将其应用到教学之中,最终实现让学生受益,经学院审核,决定正式出版系列课程改革教材,包括优质核心课程和精品资源共享课程等。

　　电工测量课程是一门以实验为主,动手能力非常强的专业技术基础课程。通过对本课程的学习,可使学生获得测量的基本知识,具备测量各种电量的基本技能。21 世纪,不同学科领域的技术相互融合,并不断开拓出新的学科领域。因此,面对新世纪的挑战,电工测量课程必须不断地进行深入改革。课程改革的关键之一在于教材。改革的焦点在于:

　　(1)本课程是电工基础课程的后续课程,它对电工基础理论知识进行实验验证,但内容并不是纯粹的验证性实验,也包括实用性比较强的一些电气测量。

　　(2)蓬勃发展的新技术要求教材内容不断扩充和更新,这使得课时少与内容多的矛盾更为突出。

　　(3)既然是以实验为主,还应考虑到强电实验的安全性。为适应本课程教学改革发展趋势的需要,结合重庆水利电力职业技术学院骨干院校电工测量精品课程建设要求,我们编写了这本项目式教材。

　　本教材的特点如下:

　　(1)教材内容以项目形式进行设计,与项目式教学相结合,真正实现"教、学、做"一体化,更加激发学生的兴趣,引导学生如何运用理论知识解决实际问题。

　　(2)教材将以往主要以电路基础的论证实验为主,改变为以电气测量、电子测量实用性实验为主,并增加了自拟方案的自主性实验。

　　(3)测量方法及测量结果的处理介绍得很详细,这样使学生能在最简便的测量过程中得到准确的测量结果。

　　(4)教材结合重庆水利电力职业技术学院本课程的教学大纲和实训室的实训设备,这样促使学生能在课外自主到实训室学习,有较好的教学效果。

　　本书共分为五个项目:项目一介绍了电工测量的基本知识、电测量仪表的分类结构与工作原理、主要技术要求和选用、误差和准确度等级;项目二介绍了电工测量的安全规则、实验操作步骤和数据处理;项目三介绍了磁电系仪表、直流电路测量设备和直流典型电路电量的测量;项目四介绍了电磁系、电动系仪表和单相交流典型电路电量的测量;项目五介绍了三相交流典型电路电量及功率的测量。另外,本书还通过一些典型电路实验与综合训练,使学生掌握电工仪表的用法,并具备一定的电工技术的基本技能,培养学生运用所学电工基础理论知识分析、解决实际问题的能力,为毕业后从事专业实践、技术革新打下必要的理论基础。本书参考了有关行业的职业技能鉴定规范及技术人员等级考核标准,可作为高等职业院校电气类专业教材,也可作为行业部门技术人员岗位培训教材及自学用书。

　　本书由重庆水利电力职业技术学院刘露萍、林珑担任主编,并由刘露萍负责全书的统稿;由重庆水利电力职业技术学院高长璧、张过有担任副主编,重庆水利电力职业技术学院胡洛源参编;由重庆电力高等专科学校伍家洁担任主审。

　　本书在编写过程中得到了重庆水利电力职业技术学院领导、骨干办及项目组的关心和帮助,在此谨致衷心的感谢!

　　由于时间和水平有限,不足和失误在所难免,恳请有关专家、广大读者及同行批评指正,我们将在使用中不断补充和修改。

编　者

2016 年 7 月

目 录

项目一　电工测量与仪表的基础知识

任务一　电工测量的基本知识

一、学习目标

(1)了解测量及电工测量的概念。

(2)了解测量的过程。

(3)掌握直接测量和间接测量的几种方法,根据不同的场合能正确选用不同的方法。

二、任务描述

本任务主要是介绍测量的定义及电工测量的定义、测量过程包括的三个阶段、不同分类下的每一种测量方法的特点。通过本任务的学习使学生对电工测量有一个最初的认识。

三、相关知识

(一)电工测量的意义

作为现代工业的一种特殊商品,电能在生产、传输、分配和使用的各个环节中,不能直接感受和反映各种电气量的大小及变化情况,只有通过各种仪表的测量才能得到准确的结果,从而保证电能的质量以及电力系统的正常运行。例如,在发电厂、变电站中,为了保证电力系统安全和经济地运行,务必随时监控系统的运行情况,以对发电机的出力或用户的负荷进行调整。

另外,在电气设备的安装、调试、运行和检修过程中,对电子产品的检验、分析以及鉴定时,都会遇到电工测量方面的技术问题。所以,电工测量是从事电气行业工作的技术人员必须掌握的一门学科。

(二)电工测量的概念和过程

1. 测量的概念

电工测量就是利用电工仪表,通过实验的方法将被测的电量(电压、电流、功率等)与作为单位的同类标准电量进行比较,从而确定被测量大小的过程。测量的本质是用实验的方法把被测量与标准量进行比较。被测量应该是与标准量同类的物理量,或者是可借以推算出被测量的异类量,例如用米尺测量长度、用电位差计测量电压都是同类量的比较。要准确测量某一量的大小,必须包括被测对象、单位量的复制体和测量设备等部分。例如,测量出某一电流的大小为15 A,需要测量的电流即为被测对象;标准电流即为单位量的复制体,称之为量具;电流表是将被测量与标准量进行比较的测量设备。

2. 测量的过程

在实际的测量中,一般要经过准备、测量及数据处理三个阶段。在准备阶段,首先要根据测量的内容和要求正确选择测量仪器与设备,并确定测量的具体接线方案和测量步骤。在测量阶段,要按事先设计的接线方案正确接线,并严格规范进行操作,正确记录测量数据,同时要注意人身安全和设备安全。测量的最后工作是进行数据处理,通过对测量数据或图形的处理、分析,求出被测量的大小及测量误差,以便为解决工程实际问题提供可靠依据。

(三)电工测量方法的分类

由于测量对象的不同,测量的目的和要求可能也有所变化,再加上测量条件多种多样,因此测量的方式方法也就有所不同。

1. 根据测量过程中的特点分类

根据测量过程中的特点,可将测量方法分为直接测量、间接测量两大类。

1)直接测量

在测量过程中,能够直接将被测量与同类标准量进行比较,或能够直接用事先刻度好的测量仪器对被测量进行测量,从而直接获得被测量的数值的测量方法称为直接测量。例如,用弹簧秤称质量、用电压表测量电压、用电度表测量电能以及用直流电桥测量电阻等都是直接测量。直接测量方式广泛应用于工程测量中。图 1-1 所示为直接法测电流。

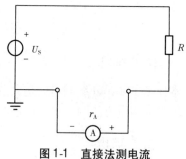

图 1-1 直接法测电流

2)间接测量

当被测量由于某种原因不能直接测量时,可以通过直接测量与被测量有一定函数关系的物理量,然后按函数关系计算出被测量的数值,这种间接获得测量结果的方式称为间接测量。例如,用伏安法测量电阻,是利用电压表和电流表分别测量出电阻两端的电压和通过该电阻的电流,然后根据欧姆定律 $R = U/I$ 计算出被测电阻 R 的大小。间接测量方式广泛应用于科研、实验室及工程测量中。

2. 根据度量器参与测量过程的方式分类

在测量过程中,作为测量单位的度量器,可以直接参与,也可以间接参与。根据度量器参与测量过程的方式,可以把测量方法分为直读法和比较法。

1)直读法

用直接指示被测量大小的指示仪表进行测量,能够直接从仪表刻度盘上读取被测量数值的测量方法,称为直读法。采用直读法测量时,度量器不直接参与测量过程,而是间接地参与测量过程。例如,用欧姆表测量电阻时,从指针在刻度尺上指示的刻度可以直接读出被测电阻的数值。这一读数被认为是可信的,因为欧姆表刻度尺的刻度事先用标准电阻进行了校验,而标准电阻已将它的量值和单位传递给欧姆表,间接地参与了测量过程。采用直读法测量的过程简单,操作容易,读数迅速,但其测量的准确度不高。

2）比较法

将被测量与度量器在比较仪器中直接比较，从而获得被测量数值的方法称为比较法。例如，用天平测量物体质量时，作为质量度量器的砝码始终都直接参与了测量过程。在电工测量中，比较法具有很高的测量准确度，可以达到 ±0.001%，但测量时操作比较麻烦，相应的测量设备也比较昂贵。

3. 根据被测量与度量器进行比较时的不同特点分类

根据被测量与度量器进行比较时的不同特点，又可将比较法分为零值法、差值法和替代法三种。

1）零值法（又称平衡法）

零值法是利用被测量对仪器的作用，与标准量对仪器的作用相互抵消，由指零仪表做出判断的方法。即当指零仪表指示为零时，表示两者的作用相等，仪器达到平衡状态。此时，按一定的关系可计算出被测量的数值。显然，零值法测量的准确度主要取决于度量器的准确度和指零仪表的灵敏度，其测量电路如图1-2所示。

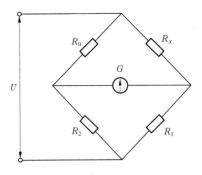

图1-2 零值法测电阻

2）差值法

差值法是通过测量被测量与标准量的差值，或正比于该差值的量，根据标准量来确定被测量的数值的方法。例如：通过电位差计可以测得两点间的电位差，而如果已知其中一点的电位根据差值就可求出另一点的电位，差值法可以达到较高的测量准确度。

3）替代法

替代法是分别把被测量和标准量接入同一测量仪器，在标准量替代被测量时，调节标准量，使仪器的工作状态在替代前后保持一致，然后根据标准量来确定被测量的数值。古代曹冲称象采用的方法就是替代法，用替代法测量时，由于替代前后仪器的工作状态是一样的，因此仪器本身性能和外界因素对替代前后的影响几乎是相同的，有效地克服了所有外界因素对测量结果的影响。替代法测量的准确度主要取决于度量器的准确度和仪器的灵敏度。

四、思考与练习

1 测量的过程包括哪几个阶段？

2 单臂电桥测电阻属于哪种测量方法？这种方法的特点是什么？

任务二 电工仪表的分类、表面标记和技术要求

一、学习目标

（1）了解电工仪表的分类。

（2）了解电工仪表的表面标记。

（3）掌握电工仪表的技术要求。

二、任务描述

本任务主要介绍不同的分类方式下电工仪表的类型、电工仪表表面常见标记的含义、电工仪表在技术上的要求。通过本任务的学习，学生能认识不同种类的仪表，能够掌握了解仪表的特性和满足仪表的技术要求的方法。

三、相关知识

（一）电工仪表的分类

电工仪表种类繁多，分类方法也很多，下面介绍几种常见的分类方法：

（1）根据电工测量仪表的工作原理分类，主要可分为电测量指示仪表、比较式仪表和数字式仪表，其中电测量指示仪表应用最广泛，又可分为磁电系、电磁系、电动系、感应系等。

（2）根据被测量的名称或单位不同分类，主要有电流表、电压表、功率表、欧姆表等。

（3）根据仪表工作电流的种类分类，有直流仪表、交流仪表、交直流两用仪表。

（4）根据使用方式分类，有开关板式与可携式仪表。

（5）根据仪表测量结果的显示方式分类，有指针指示、光标指示、屏幕显示、数字显示等。

（6）根据仪表的准确度分类，电工测量仪表可以分为七个精度等级，其中，0.1级、0.2级和0.5级的较高准确度仪表常用来进行精密测量或作为校正表；1.5级的仪表一般用于实验室；2.5级和5.0级的仪表一般用于工程测量。

（二）电工仪表的表面标记

电工仪表的表面有各种标记符号，以表明它的基本技术特性。根据国家规定，每一只仪表应有测量对象的电流种类、单位、工作原理的系别、准确度等级、工作位置、外界条件、绝缘强度、仪表型号以及额定值等的标志。常见电工仪表的表面标记符号的名称如表1-1所示。

（三）电工仪表的技术要求

电工仪表是监测电气设备运行情况的主要工具。为了保证测量结果的准确性和可靠性，选用仪表时，对电测量指示仪表主要有以下几个方面的技术要求：

（1）要有足够的准确度。准确度等级是仪表的主要技术特性。当仪表工作在规定条件下时，要求基本误差不超过仪表盘面所标注的准确度等级。另外，在选择仪表时，仪表既要有足够的准确度，但也不能太高。如果仪表的准确度等级太高，会增加制造成本，同时对仪表使用条件的要求也相应提高；如果仪表的准确度等级太低，则测量误差太大，不能满足测量的要求。

表 1-1　常见电工仪表的表面标记符号的名称

分类	符号	名称
电流种类	—	直流
	～	交流
	≈	交、直流两用
测量单位	A	安培
	V	伏特
	W	瓦特
	var	乏
	Hz	赫兹
	mA	毫安
	kV	千伏
工作原理		磁电系仪表
		磁电系比率表
		电磁系仪表
		电动系仪表
		感应系仪表
		静电系仪表
准确度等级	1.5	以标尺量限的百分数表示
	①.5	以指示值的百分数表示
工作位置	⊥	标尺位置垂直
	⊓	标尺位置水平
	∠60°	标尺位置与水平面成60°角
外界条件		Ⅰ级防外磁场(磁电系)
		Ⅰ级防外电场(静电系)
	Ⅱ	Ⅱ级防外磁场及电场
	Ⅲ	Ⅲ级防外磁场及电场
	Ⅳ	Ⅳ级防外磁场及电场
	A	A组仪表
	B	B组仪表
	C	C组仪表

续表 1-1

分类	符号	名称
绝缘强度	☆0	不进行绝缘耐压试验
	☆5	绝缘强度耐压试验 5 kV
	☆2	绝缘强度耐压试验 2 kV
端钮标记	+	正极性端钮
	−	负极性端钮
	✳	公共端钮
	∼	交流端钮
	⊙	与屏蔽相连接端钮
	⏚	与外壳相连接端钮
	⏚	接地用的端钮
	↷	调零器

(2)变差要小。所谓变差,是指仪表在重复测量某一被测量时,由于摩擦不均匀等因素造成两次指示值的不同,它们的差值称为变差。对于指示仪表,重复测量被测量 A,当由零向上限值逐渐增加时,指示值为 A_X,而由上限向零逐渐减小时,指示值为 A_Y,则要求变差 $\Delta v = A_X - A_Y$ 不超过基本误差。

(3)受外界温度、外来电磁场等因素影响引起的附加误差符合有关规定。

(4)仪表本身功率消耗小。仪表在测量时,本身也必然要消耗一定的功率。为了减小接入仪表对电路原来工作情况的影响,要求仪表本身功率消耗要小。

(5)刻度尽可能均匀,便于读数。

(6)要有合适的灵敏度。灵敏度 S 是指仪表活动部分在承受单位被测量时所引起的偏转角。若被测量变化了 ΔX,仪表活动部分的偏转角改变了 $\Delta\alpha$,则 $S = \Delta\alpha/\Delta X$;灵敏度高的指示仪表,被测量微小变化可以引起其活动部分足够大的偏转。

(7)有一定的耐压能力和过载能力。

(8)阻尼良好。由于仪表的活动部分具有惯性,测量时指针常不能立即停止在平衡位置并指示出被测量的大小,而要在平衡位置附近来回摆动一段时间。为此,仪表中常装设各种阻尼器来产生与运动方向相反的阻尼力矩,以便指针很快停止摆动,从而在较短时间内指示出被测量的大小。

四、思考与练习

1 电工仪表的主要技术要求是什么?

2 电工仪表可以按哪些方式进行分类?

任务三 电测量指示仪表

一、学习目标

(1)了解电测量指示仪表的型号。

(2)了解电测量指示仪表的组成和作用。

(3)掌握电测量指示仪表的正确选用和使用。

二、任务描述

电测量指示仪表具有制造简单、成本低廉、稳定性和可靠性高及使用、维修方便等优点,所以其被广泛应用于科学技术和工业过程的测量和监控中,是一种基本的测量工具。本任务主要介绍电测量指示仪表型号的含义、电测量指示仪表的结构组成及主要组成装置的作用、正确选择和使用电测量指示仪表的方法。学生通过本任务的学习能够了解电测量仪表的结构,正确认识、选择和合理使用电测量指示仪表。

三、相关知识

(一)电测量指示仪表的型号

通常,在仪表刻度盘的左下角标有仪表型号的规定符号,其表示含义为

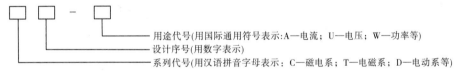

用途代号(用国际通用符号表示:A—电流;U—电压;W—功率等)
设计序号(用数字表示)
系列代号(用汉语拼音字母表示:C—磁电系;T—电磁系;D—电动系等)

(二)电测量指示仪表的组成和作用

1.测量机构和测量线路

电测量指示仪表的任务,就是把被测量或电参数转换为仪表可动部分的机械偏转角,在转换过程中,使二者保持一定的参数关系,从而通过指针偏转角的大小来反映被测量的数值。电测量指示仪表必须有测量机构和测量线路两个组成部分。

(1)测量机构。其作用是将被测量转换成仪表可动部分的偏转角。测量机构是电测量指示仪表的核心。

(2)测量线路。其作用是把各种被测量按一定比例转换成能被测量机构所接受的过渡量。测量电路通常由电阻、电感、电容、电子元件等组成。不同仪表的测量线路不同。

2.测量机构的主要装置

各种类型的电测量指示仪表的测量机构,尽管在结构及动作原理上各不相同,但是它们都是由固定部分和可动部分组成的,而且都能在被测量的作用下产生转动力矩,驱动可转部分偏转,指示出被测量的大小,这样就导致它们在组成方面有以下共同之处:

(1)转动力矩装置。要使电测量指示仪表的指针偏转,测量机构必须有产生力矩的

装置。产生转动力矩的结构原理不同,就构成不同系列的指示仪表。

（2）反作用力矩装置。如果测量机构中只有转动力矩,则不论被测量有多大,可动部分都将在其作用下偏转到尽头。为此,要求在可动部分偏转时,测量机构中能产生随偏转角增大而增大的反作用力矩,当两者相等时,可动部分平衡,从而稳定在一定偏转角上。

反作用力矩一般由游丝或张丝产生。当可动部分偏转时,游丝被扭紧,产生的反作用力矩增大,方向与转动力矩相反。在游丝的弹性范围内,反作用力矩与偏转角呈线性关系。

在电测量指示仪表中,产生反作用力矩的装置除游丝、张丝外,还有利用电磁力来产生反作用力矩。图1-3所示为由游丝构成的反作用力矩装置。

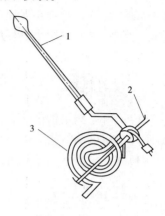

1—指针;2—轴;3—游丝

图1-3 由游丝构成的反作用力矩装置

（3）阻尼力矩装置。由于指示仪表的可动部分都具有一定惯性,因此当转动力矩等于反作用力矩时可动部分不可能马上停下来,而是在平衡位置附近来回摆动,因而不能尽快读出测量结果。为了尽快读数,仪表还必须有阻尼力矩装置。它分为空气阻尼器和磁感应阻尼器两种,如图1-4所示。

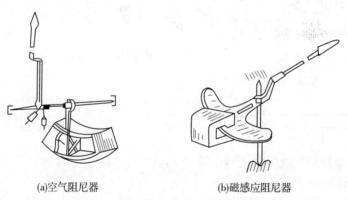

(a)空气阻尼器　　　　　　　(b)磁感应阻尼器

图1-4 阻尼装置

（三）电测量指示仪表的正确选择

为了避免由于测量方法不完善而引起测量的误差,必须注意如何正确选择仪表,主要应注意下面几点:

（1）按测量对象的性质选择仪表类型。

首先要根据所选择电源判断被测量是直流还是交流,以便选用直流仪表或交流仪表。直流仪表只能直接用来测量直流量,交流仪表只能直接用来测量交流量,而交、直流两用仪表既可以测量直流量,又可以测量交流量。如果测量交流量,还要注意是正弦波还是非正弦波;测量时还要区分被测量究竟是平均值、有效值、瞬时值,还是最大值,对于交流量还要注意频率。

（2）按测量对象选择仪表的允许额定值。

在对被测量进行测量前,应根据有关条件(实验电路、历史数据)估算出被测量值的大小,并以此选择量程相近或稍大的仪表。不要用大量程的仪表去测量小量值,避免读数不准。当然,更不可用小量程仪表去测量大电量,以免损坏仪表。所以,在选用仪表时,必须认真观察仪表和设备允许承受的额定电压、额定电流和额定功率。

(3)按测量对象和测量线路的电阻大小选择仪表内阻。

任何仪表内部都有内阻,仪表接入电路后相当于接入了一个负载,除消耗一定的能量外,还会改变电路中电流、电压的数值,影响电路的工作状态,因此会给测量结果带来相应的误差。为保证测量结果的可靠性,减小测量误差,选择仪表时应根据被测对象阻抗的大小来选择仪表的内阻。由于电压表、功率表的电压线圈等是并联接入电路的,仪表内阻 R_u 越大,分流越小,对被测电路的电流影响越小,所以对测量电压的电压表,内阻越大越好,通常要求电压表内阻值要大于被测对象 100 倍。对测量电流的电流表,由于其与被测电路是串联的,电流表的内阻越小越好,常要求电流表内阻小于被测对象 100 倍。

(4)按测量对象的准确度,选择仪表等级。

仪表的准确度越高,测量的结果就越可靠,但仪表的价格就越高,而且有些准确度高的仪表操作过程也较复杂,往往会因为操作不当而增加附加误差。此外,测量结果的准确度不仅与仪表的准确度有关,而且还与仪表的量程等因素有关。因此,在选择仪表时,一定要根据工程性质,使测量结果的误差在工程实际允许范围内。例如,在常用的标准和部分精密测量中,可用准确度 0.1～0.2 级的仪表;在实验测量中可用 0.5～1.5 级的仪表;在工厂生产中可用 1.0～5.0 级的仪表。表 1-2 所示为常用指示仪表的类型和应用范围。

表 1-2　常用指示仪表的类型和应用范围

名称	最高准备度等级	测量范围		消耗功率	过载能力	制成仪表类型	应用范围
		电流(A)	电压(V)				
磁电系	0.1	$10^{-3}\sim10^2$	$10^{-2}\sim10^3$	<100 mW	小	A、V、n、Mn 检流计钳形表	直流电表,且与多种变换器配合扩大使用范围,作比率表
电磁系	0.1	$10^{-3}\sim10^2$	$1\sim10^3$	较磁电系大,略小于电动系	大	A、V、Hz、$\cos\varphi$ 同表、钳形表	用于 50 Hz～5 kHz 作安装式电表及一般实验室作交(直)流表
电动系	0.1	$10^{-3}\sim10^2$	$1\sim10^3$	较大	小	A、V、W、Hz、$\cos\varphi$ 同、钳形表	用于 50 Hz～10 kHz 作交、直流标准表及一般实验室用表

续表 1-2

名称	最高准备度等级	测量范围		消耗功率	过载能力	制成仪表类型	应用范围
		电流（A）	电压（V）				
铁磁电动系	0.2	$10^{-3} \sim 10^2$	$10^{-1} \sim 10^3$	较小	小	A、V、W、Hz、$\cos\varphi$ 同步表	用于工频，主要作安装式电表
感应系	0.5	$10^{-1} \sim 10^2$	$10^{-3} \sim 10^3$	较小	大	A、V、W、1 h、主要用于电能表	用于工频，测量交流电路中电能
整流系	1.0	$10^{-5} \sim 10$	$5 \times 10^{-3} \sim 5 \times 10^2$	小	小	A、V、n、$\cos\varphi$、1h、万用表	作万用表，频率为 50 Hz ~ 5 kHz

（四）电测量指示仪表的合理使用

在选择了合适的仪表后，接下来就应该注意如何正确地使用仪表以保证测量结果的准确性。一只仪表的量程和准确度等选择得再合适，如果不能正确使用，也得不到理想的测试结果。因此，使用仪表时，应注意以下几点：

（1）应满足仪表工作条件的要求。如摆放位置、环境温度与湿度、有无外磁场影响、机械零位或电气零位是否已调好等。

（2）应根据被测量的性质及所给的条件，将仪表正确接入被测电路。

（3）进行正式测量时，要事先估算被测量的大小，以选择适当的仪表量程；不能进行估算时，应将仪表先放在大量限上，然后根据实际情况逐步调整。

（4）测量时，要正确读取被测量的大小，即测量数据中不应包含视差的影响。

四、思考与练习

1　电测量指示仪表的测量机构由哪几部分组成？它们各起什么作用？

2　正确选择电测量指示仪表时应该从哪几方面考虑？

3　合理使用电测量指示仪表时应注意些什么？

任务四　电工仪表的误差与准确度等级

一、学习目标

（1）了解仪表误差的分类。

（2）掌握误差的三种表示形式及计算。

（3）了解指示仪表的准确度等级，掌握准确度等级与误差之间的关系及换算方法。

二、任务描述

本任务主要介绍误差的表示形式、误差的计算方法、仪表准确度的等级、准确度和误差的换算。学生通过本任务的学习能计算仪表的三种误差，确定仪表的准确度。

三、相关知识

我们进行的任何测量都希望获得被测量的真实数据，真实数据简称为真值。实际上，所有的仪表都不能实现绝对理想的测量，因而我们得到的并不是被测量的真值，而是近似值。仪表的指示值与真值之间的差异称为仪表的误差。仪表误差的大小反映了仪表的准确程度。

（一）仪表误差的分类

根据误差产生的原因，仪表的误差分为以下两类：

（1）基本误差。由于仪表本身结构不够准确而固有的误差称为基本误差。如标尺刻度不准确、安装不准确等因素，均会造成此类误差。

（2）附加误差。由于使用仪表在非正常条件下进行测量时产生的误差称为附加误差。如环境温度、外界电磁场等发生变化及安放位置不符合要求等因素，均会引起此类误差。

（二）误差的几种表示形式

1. 绝对误差

测量值 A_x 与被测量的真值 A_0 之间的差值，称为绝对误差，用符号 Δ 表示，即

$$\Delta = A_x - A_0 \tag{1-1}$$

式中　A_x——仪表的指示值、读数；

　　　A_0——被测量的实际值或用高精度仪表测得的值。

【例1-1】　电压表甲在测量实际值为 100 V 的电压时，测量值为 101 V；电压表乙在测量实际值为 1 000 V 的电压时，测量值为 998 V。求两表的绝对误差。

解：甲表的绝对误差 $\Delta_甲 = 101 - 100 = 1(\text{V})$；

乙表的绝对误差 $\Delta_乙 = 998 - 1\ 000 = -2(\text{V})$。

由于 $|\Delta_甲| < |\Delta_乙|$，但如果认为甲表比乙表准确度高，显然是错误的。在这种情况下，应采用相对误差来进行评定。

2. 相对误差

当被测量不是同一个值时，就不能用绝对误差来表示测量的准确度，这时要用相对误差来比较测量结果的准确度。

相对误差是绝对误差 Δ 与被测量的真实值 A_0 之间的百分比，即

$$\gamma = \frac{\Delta}{A_0} \times 100\% \tag{1-2}$$

在例1-1中，甲、乙两电压表的相对误差分别为

$$\gamma_{甲} = \frac{1}{100} \times 100\% = 1\%$$

$$\gamma_{乙} = \frac{2}{1\,000} \times 100\% = 0.2\%$$

显然，后者较前者的相对误差小，其准确程度高。可见，相对误差表明了误差测量结果的相对影响，给出了误差的清晰概念。

3. 引用误差

绝对误差和相对误差是从误差的表示和测量的结果来反映某一测量值的误差情况，但并不能用来评价测量仪表和测量仪器的准确度。例如，对于指针式仪表的某一量程来说，标度尺上各点的绝对误差尽管相近，但并不相同，某一个测量值的绝对误差并不能用来衡量整个仪表的准确度。另外，正因为各点的绝对误差相近，所以对于大小不同的测量值，相对误差彼此间会差别很大，即相对误差更不能用来评价仪表的准确度。一只仪表在其测量范围内，各刻度处的绝对误差 Δ 相差不大，因而相对误差就随着测量值的减小而增大。例如，一只量程为 $0 \sim 250$ V 的电压表，在测量 200 V 时，绝对误差 $\Delta = 2$ V，其相对误差为

$$\gamma = \frac{2}{200} \times 100\% = 1\%$$

在测量 10 V 时，绝对误差 $\Delta = 1.9$ V，其相对误差为

$$\gamma = \frac{1.9}{10} \times 100\% = 19\%$$

因而相对误差在仪表的全量限上变化很大，任取哪一个 γ 值来表示仪表的准确度都不合适。如果把相对误差 γ 计算公式中的分母换用仪表的最大刻度值（上量限），则比值就接近一个常数，解决了表示同一只仪表的相对误差太大的问题。绝对误差 Δ 与仪表最大刻度值 A_m 之比的百分数，称为引用误差或满度相对误差，记为 γ_n，即

$$\gamma_n = \frac{\Delta}{A_m} \times 100\% \tag{1-3}$$

仪表指针在标尺不同位置时，仪表指示值的绝对误差不完全相等而有所差异，大小有正有负，为了评价仪表的准确度，一般用最大引用误差 $(\gamma_n)_m$ 来表示，即

$$(\gamma_n)_m = \frac{\Delta_m}{A_m} \times 100\% \tag{1-4}$$

式中　Δ_m——最大绝对误差。

（三）指示仪表的准确度等级

误差与准确度之间的差距在于，误差说明的是指示值与实际值之间的差异程度，而仪表的准确度是用来反映仪表的基本误差的。而引用误差可以较好地反映仪表的基本误差，所以在规定的工作条件下，用允许出现的最大引用误差来表示仪表的准确度等级 K 的百分数。

$$K\% \geqslant \frac{|\Delta_m|}{A_m} \times 100\% = |(\gamma_n)_m| \tag{1-5}$$

仪表的准确度分为七级，它们的最大误差不允许超过表 1-3 的规定。

表1-3 各级仪表的基本误差允许值

仪表的准确度等级	0.1	0.2	0.5	1.0	1.5	2.5	5.0
基本误差允许值	±0.1	±0.2	±0.5	±1.0	±1.5	±2.5	±5.0

【例1-2】 用准确度为0.5级、量程为15 A的电流表测量5 A电流时,其最大可能的相对误差是多少?

最大绝对误差为

$$\Delta_m = \frac{\pm K \times A_m}{100} = \frac{\pm 0.5 \times 15}{100} = \pm 0.075(A)$$

测5 A电流时最大可能的相对误差为

$$\gamma = \frac{\Delta_m}{A_x} \times 100\% = \frac{\pm 0.075}{5} \times 100\% = \pm 1.5\%$$

由此可见,测量结果的准确度即其最大相对误差,并不等于仪表准确度所表示的允许基本误差。因此,在选用仪表时不仅要考虑适当的仪表准确度,还要根据被测量的大小,选择相应的仪表量程,才能保证测量结果具有足够的准确性。

【例1-3】 在规定的正常工作条件下,为了测量30 V的电压,分别采用量限为150 V、准确度为0.5的电压表和量限为50 V、准确度为1.0的电压表。求两次测量可能产生的最大绝对误差和相对误差。

解:第一只电压表测量时

最大绝对误差 $\Delta_{m1} = A_{m1} \times (\pm K_1\%) = 150 \times (0.5\%) = \pm 0.75(V)$

最大相对误差 $\gamma'_{m1} = \Delta_{m1}/A_{x1} \times 100\% = \pm 0.75/30 \times 100\% = \pm 2.5\%$

第二只电压表测量时

最大绝对误差 $\Delta_{m2} = A_{m2} \times (\pm K_2\%) = 50 \times (1.0\%) = \pm 0.5(V)$

最大相对误差 $\gamma'_{m2} = \Delta_{m2}/A_{x2} \times 100\% = \pm 0.5/30 \times 100\% = \pm 1.7\%$

从上例可以看出,测量结果的准确度不仅与仪表的准确度等级有关,而且还与量限有关。上例中,用0.5级、量限150 V的电压表所测出的误差反而比用1.0级、量限为50 V的电压表更大。

综上所述,在选择仪表的量限时,被测值应尽量使指针在刻度标尺的2/3以上。

四、思考与练习

1 为什么要引入引用误差(基准误差)的概念? 它与仪表的准确度是什么样的关系?

2 用准确度为2.0级、量程为0~300 V和准确度1.0级、量程为0~400 V的电压表分别测量实际值为250 V的电压,问哪个电压表的测量值较准确? 为什么?

3 用量程为0~100 mA、准确度为0.5级的电流表,分别测量100 mA和50 mA两个电流。试求:测量结果的最大相对误差各为多少?

4 检定1只1.0级电流表,其量程为0~250 mA,检定时发现在200 mA处误差最大,为 -3 mA。该电流表的此量程是否合格?

项目二　电工实验的基本原则和正确操作

任务一　电工测量的安全规则、方案设计原则和仪器仪表选择的基本方法

一、学习目标

（1）掌握电工实验的安全规则。

（2）了解电工测量的方案设计原则。

（3）掌握仪器仪表选择的基本原则和方法。

二、任务描述

本任务主要介绍电工实验的安全操作规则、设计电工测量方案应遵循的原则、选择测量方法和测量仪器时要注意的问题、仪器仪表选择的基本原则和方法。掌握和灵活运用这些"基本常识"，将有利于实验的顺利进行和人身、仪器设备的安全。通过本任务的学习，学生能在实验室安全规范地进行电工实验，同时也能合理地设计出可行性较高的测量方案，能明确选择测量方法和测量仪器要注意的问题，能够正确地对仪器仪表进行选择。

三、相关知识

（一）电工实验室安全规则

为了确保人身安全和仪器设备的完好无损，学生在进入实验室后一定要遵守实验室的安全规则，主要内容如下所述：

（1）进入实验室后，未经教师许可不准随意使用各仪器设备，应穿绝缘底的鞋子，最好不佩戴手链等金属制品。

（2）实验室内禁止吸烟，禁止喧哗、嬉闹，行走时注意周边物品，避免滑倒摔伤或碰到实验室设备，注意安全。

（3）动手实验前，要做好一切准备工作，认真观察老师的演示操作方法，对于实验室内容易混淆的对象，比如交、直流电源，一定要了解其各自的特征。

（4）对于实验仪表设备，在没有弄清使用方法之前，不得使用。使用时，要轻拿轻放、防止脱落。未经老师许可，不得随意拆卸仪表部件。

（5）连接线路前检查元器件、导线绝缘是否完好，若发现有缺陷立即停止使用并及时更换。

（6）严格遵守"先接线、后通电"和"先断电、后拆线"的操作顺序,连接、拆卸电路前都应检查并确保电源处于关闭状态。

（7）实验线路连接完成后,应经过认真仔细的自查和互查,在老师最终检查无误的前提下方可接通电源。

（8）实验进行时不得用手触摸带电部分。如要改接线路或拆除部分线路,应在断开电源的基础上,方可操作。实验室一旦出现异常情况应立即切断电源,将情况报告指导老师,然后根据现象查找原因,待故障排除后再重新接通电源。

（9）如遇到不懂的地方,要向老师请教,不得随意操作。

（10）实验完毕后,应随即切断电源、整理实验物品、清洁实验台卫生。

（二）电工测量的方案设计原则

在进行测量前,应根据被测对象、测量的目的与要求,提出一个或几个较周密的实施方案（计划）。方案的内容应包括理论根据、测量线路、测试方法、测试设备、具体测量步骤、数据表格、可能出现的问题及采取的技术措施等,有时还要提出时间进度、人力配备和经费预算。衡量一个实验方案的优劣,一般用科学性、先进性、经济性（简称"三性"）三个指标。一个实施方案的最后取舍,要由可行性分析论证决定。可行性分析论证的目的,是审查实验方案是否符合"三性",对方案的整体或局部进行更好的修正,在达到电工测量目的与要求的前提下,使投入的人、财、物最少,并且在现有条件下都能实现。

（三）选择测量方法和测量仪器要注意的问题

在进行测量之前,必须根据相关理论和自己的经验,考虑并回答下列问题:

（1）实现这次测量的最适合的方法是什么?

（2）测量的步骤怎样进行最合适?

（3）测量结果如何显示出来?

（4）被测量的允许误差是多少?

（5）使用的测量仪器仪表对被测对象的影响如何? 例如,测量仪器仪表的内阻大小是多少? 这些内阻是否从被测对象中吸取功率?

（6）被测信号对测量仪器仪表的性能有何影响?

（7）测量结果是否受到了外界其他因素的影响?

（8）测量方法的经济效益分析结果如何?

上述几个问题中,最容易被忽视的是被测对象对测量仪器仪表性能的影响。所以,除对测量仪器仪表的性能要做到十分熟悉外,还要对被测对象有足够的了解。如被测对象本身是否会引起测量线路内部的电流或电压的重新分配? 被测量的内阻、波形以及频率如何? 是否超过所选用的仪器仪表的额定测量范围（量程）? 所选用的仪器仪表是否还能保证测量的精确度? 综合考虑了这些问题后,再重新设计或修改测量方案,直至得到最好的方案。

（四）仪器仪表选择的基本原则和方法

在项目一,我们已经了解并初步掌握了关于电工仪器仪表的基本知识。电工测量过程中,在元器件和仪器仪表选择方面,一般会遇到两种情况:一种是实验对象、实验目的与要求已定,由实验者选用元器件、仪器仪表;另一种是提出了实验目的、要求以及实验室现有的元器件和仪器仪表清单,由实验者从中确定实验对象、工作参数和设计实验电路。显然,后者较前者要复杂一些,但涉及问题的性质基本相同。下面介绍一些选择的基本原则和方法,并且选择时要注意元器件、仪器仪表的整体配套性。

(1)根据实验目的与要求或被测量的性质,选择元器件、仪器仪表的类型。如是线性还是非线性,是直流还是交流,是正弦还是非正弦,是方波还是其他脉冲波,低频还是高频等。与之对应的元器件、仪器仪表的类型不相同,并不可以通用。

(2)参数值范围和被测量量程的选择。对于测量中使用的元器件,如滑线电阻、电容器等,要根据其参数的最大值和最小值,参数的最大误差(一般称为元器件的精度),可调节的范围,允许的工作电压、工作电流等是否都满足实验的测量要求来选定,并留有余地。对于仪器仪表,其量程应选择在被测量值的 $1.1 \sim 1.5$ 倍为宜,量程选得过大,会增加容许误差;过小,则会损伤仪器仪表。

(3)根据实验电路或被测对象阻抗的大小选择仪器仪表的内阻(内阻抗)。选择电源(信号源)设备的输出阻抗,要尽量使之相匹配。选择测量用的仪器仪表的内阻,需使之产生的系统误差尽量小。

(4)根据测量要求的精度,选择仪器仪表的准确度等级。仪器仪表的准确度和元器件精度的选择,除满足作为被研究的对象(被测对象)的精度要求外,一般至少要高于要求的测量精度一个等级以上。如实验要求的测量精度为 $\pm 5\%$,则应选择准确度为 2.5 级或 2.5 级以上(1.5 级、1.0 级、0.5 级等)的仪器仪表。在仪器仪表准确度和元器件精度等级的选定方面,只要能满足实验要求的测量精度,应“就低不就高”。因为高精度元器件和高准确度仪器仪表不仅价格贵,而且给使用、校验、维修、管理带来诸多不便。从另一角度看,影响实验精度的因素很多,在其他各影响因素未解决之前,单凭提高元器件的精度和仪器仪表的准确度,意义不是很大。

(5)根据使用场所、环境、条件,选择具有不同内、外防护能力的仪器仪表。由于电路实验室各方面条件比较好,选用普通、便携式仪表一般均能满足要求。读者还应了解场所、环境、条件的不同,对元器件、仪器仪表的选择有特殊要求。如对外部电磁场的防护能力;对温度、气压、湿度、霉菌、盐雾、尘埃等的适应和防护能力;防爆、防水、抗振动、抗冲击等的能力。

(6)元器件和仪器仪表的整体配套性。选用元器件、仪器仪表是为了成功地完成测量任务,达到测试的目的与要求。但是,如果考虑不周,从局部看,我们的选择可能是合理的,但从整体看,可能又不合理。这种不合理性往往表现在元器件的精度和仪器仪表的准确度等级、参数值范围和容量等不配套。这样,不得不中途更换元器件和仪器仪表,或者只能使测量实验中止。其实质是反映出考虑问题欠周密,没能把握住全局和整体。在此提出这个问题,是提醒读者在实验过程中,逐步树立整体思想,学会全面综合地分析和处理问题。

四、思考与练习

1　怎样来确定测量方案?

2　仪器仪表如何正确选用?

任务二　电路实验的操作步骤和常见故障的分析与排除

一、学习目标

(1)掌握电路实验的操作步骤。

(2)学会发现电路实验中存在的故障。

(3)能够对常见故障进行分析,掌握检测故障的方法。

二、任务描述

电路实验是充分调动实验者全身各个感官的一项工作,真所谓"心中有数,手脑并用,眼观六路,耳听八方",并且在操作的全过程做到"准确、安全、规范"。所谓准确,是指实验测量结果达到要求的测量精度;所谓安全,是指实验测量过程一定要保证人身安全和设备的完好;所谓规范,是指电工测量过程一定要按电气操作的规范进行,养成良好的操作习惯。本任务主要介绍进行电路实验应遵循的六个步骤、在电路实验中及时发现电路故障的方法、常见故障产生的原因、故障检测的基本方法和顺序。通过本任务的学习,学生能正确地操作电路实验,并能在实验过程中发现、查找常见故障。

三、相关知识

电路实验的操作步骤简述如下。

(一)明确实验对象、目的与要求

实验对象、目的与要求,是进行实验的出发点和归宿,是设计、制订、论证实验方案和评价实验结果的主要依据。不了解这些,实验无从谈起。

(1)实验对象可以是某一个器件、某一电路、某一系统,也可以是一个具体的装置或仪器等。这里主要是要了解它们的总体结构、具体组成、工作条件及其性能、参数,因为这些直接影响实验方案的制订。例如,研究 R、L、C 串联谐振。这一实验电路由 R、L、C 元件和测试仪器(仪表)及电源组成。但是,了解不能到此为止,还必须进一步了解 R、L、C 的具体情况,如三个元件的参数是固定的还是可调的,它们的数值范围是多大,允许的工作电流和工作电压各为多少。然后才能考虑是用调节电源频率的方法,还是用改变电路参数的方法来研究电路谐振。这两种方法虽然可获得相同的实验效果,但使用的仪器仪表差别很大,不能通用。

(2)做任何一项实验都有目的与要求。随着目的与要求不同,实验的任务和完成任务的方法以及要采取的技术措施也不相同。在实验过程中,除完成实验本身目的与要求外,还要通过具体实验的实践过程,达到培养学生的基本测量技能和综合测试能力的目的。电路实验,就其研究的内容和性质可分为测量性实验、设计性实验、计算机辅助分析和设计实验。其中的测量性实验包括电路变量(电压、电流、功率)的测量、电路元器件特性和参数的测量、电路特性的测量(如谐振电路、动态电路的动态特性)等。

（二）预习

电路实验受到时间和条件限制，在规定时间内，能否顺利完成实验任务，达到实验目的与要求，关键在预习。虽然要做的实验有教材参考，要求学生自己独立设计的题目不太多，但是决不能因此就"拿着书本走过场"。学生一定要通过阅读实验指导书、了解实验室的仪器设备、悉心思考后，编写预习报告（也是正式报告的一部分）。做到对每个实验"心中有数"。只有"心中有数"，主动地去观察实验现象，发现并分析问题（或自己就可以增加自拟的实验内容），才能做到实验过程有条不紊，取得最佳实验效果。否则，必然手忙脚乱，完不成实验任务，达不到实验目的与要求，甚至发生事故，这一点必须要避免发生。预习的重点如下：

（1）明确实验目的、任务与要求，估计实验结果。

（2）阅读有关教材和资料，弄懂实验原理、方法；熟悉或设计实验电路；拟定实验步骤；对提出的思考讨论题和注意事项要形成深刻印象，以便在实验操作过程中观察实验现象、解决问题和注意操作。

（3）根据实验目的、任务与要求，在实际观察的基础上，提出元器件、仪器仪表和设备清单（包括型号、规格、量程、容量、数量）。对未使用过的仪器仪表和设备，要借阅使用说明书，掌握使用要领。

（4）设计实验数据表格。一个好的实验数据表格，相当于实验操作提要。在设计数据表格时，必然促使设计者对实验目的、任务与要求，具体测试项目，数据采集量，哪些数据应该采集密一些（如峰点、谷点、拐点及其附近），哪些可以采集疏一些（如直线），以及操作步骤等做深入的思考。在使用表格时，还会提示操作者测量时不丢项、不漏测。

（5）准备好实验过程中所需的文具用品，如坐标纸、铅笔、曲线板、计算器等。

（三）实验电路的连接

（1）实验电路的连接应遵循以下三个原则进行，即合理布局（使实验对象、仪器仪表之间的位置和距离、跨接导线长短对实验结果影响最小）；便于操作、调整和读取数据；连接简单、方便，连接头不过于集中，整齐美观。

（2）连接顺序应视电路复杂程度和操作者技术熟练程度自定。对初学者来说，可按照电路原理图一一对应接线为好。较复杂的电路，应先连接串联部分，后连接并联部分，同时考虑元器件、仪器仪表的同名端、极性和公共参考点等都应与电路原理图设定的位置一致，最后连接电源端。接线时，避免在同一个端子上连接三根以上的连线（应分散接线），以减少因牵动（碰）一线而引起端子松动、接触不良或导线脱落，导致较大的接触电阻，甚至引发事故。

（3）对连接好的电路，一定要认真细致地检查，这是保证实验顺利进行、防止事故发生的重要环节。学生通过对电路的检查，既是对电路连接的间接（往往比实际连接还要难些）和再次实践，又是建立电路原理图与实物安装图之间内在联系的训练机会。检查的方法，一般是从电路的某一点（如电源的一端）开始，依次按连接导线和连接点检查各实验装置接入电路的情况，巡遍整个电路直至"始点"。要将电路原理图和实物对照，以原理图校对实物。检查的最后一道程序是"认可"。"认可"就是发放通电操作令，并对由此而产生的后果负有责任。因此，最初的几次实验除学生自己检查外，还应由指导教师复查,经复查认可后,方可通电操作。逐步做到由学生自检(培养独立工作能力),指导教师一般不再复查。

（四）实验预操作

预操作(也称为试做)是指这样一种操作,即接通电源,输入量由零开始,在实验要求范围内,快速、连续地调节各参量,观察实验全过程,然后将输入量回零。预操作的目的有以下4个:

(1)进一步考验电路连接的正确性和发现故障。

(2)检验选用的元器件、仪器仪表规格、量程是否合适。

(3)观察给定的参量、参数能否达到实验目的与要求。

(4)确定实验数据的合理取值范围。

（五）实验操作与读取数据操作

通过实验可获得所需数据(包括现象、图形等),而获得的数据是否合理、准确可靠,与操作和读数的方式有很大关系。在一个实验中应该读取哪些数据、取值在什么范围内合理,主要在预习、设计实验数据表格和预操作中考虑并解决。这里只说明操作与读数的配合问题。配合不好,将会带来很大的附加误差和数据分散性,降低实验精度,增加处理数据的时间。那么应怎样配合为好呢? 因为影响的因素较多且没有统一模式可遵循,因此要求实验者不能简单机械地操作、读数,单纯完成实验任务,而要注意总结经验,掌握技能。实验数据的判断,是指在较短时间内,判断所读取的数据是否可靠合理,以便及时发现错测、错读、错记和漏测的数据,在实验线路未拆除之前,予以补测和订正。

数据判断的依据是通过实验测量获得的数据是否达到了实验目的与要求,是否符合基本原理、基本规律或已经给出的参考标准。初学者可通过代入 1~2 组实验数据进行验算、作简图与理论或给定的参考标准进行比较,得出所读取的数据是否基本可靠的结论。对于探索性实验的测量数据或未给出参考标准的数据,应根据基本原理和定律判断。如测量交流参数,应符合 $R \leqslant Z, X \leqslant Z$;如测量功率,应符合 $P \leqslant UI, \lambda (\cos\phi) \leqslant 1$ 等。

关于实验数据中异常值的处理问题。所谓异常值,是指不符合实验目的与要求,或测量误差超过 ±5% 以上的实验数据。根据选定测量线路、方法及仪器仪表的灵敏度,一般情况下,实验误差均在 ±5% 范围内。异常值多半是测量、读数或记录方面的错误引起的,这些错误可以通过检验、重点测试得到订正。有时,异常值在多次重复测试中不变,则应找出其原因(解释),不要轻易改动、舍弃(允许保留不用)。

（六）拆除实验线路、整理实验现场

拆除实验线路,意味着实验操作结束,这必须在判断实验数据合格后才能进行。拆除线路时,应先将各输入量回零,然后切断电源(包括仪器、仪表的电源),稍停,确认电路不带电后,从电源端开始拆线。当被拆除线路中含有高压(60 V 以上)、大容量电容器时,应先进行人工放电,以免触电。

最后不要忘记整理实验现场。

四、思考与练习

实验的操作过程包括哪些步骤? 如何检测测量的故障?

任务三　有效数字和实验报告的内容与要求

一、学习目标

（1）理解有效数字的概念。

（2）能够正确表示有效数字。

（3）掌握有效数字的运算规则和修约规则。

（4）了解实验报告的内容与要求。

二、任务描述

本任务主要介绍有效数字的组成和正确表示，有效数字的加减、乘除、乘方开方、对数运算规则，有效数字的修约规则，对实验报告编写的要求。通过本任务的学习，学生能正确表示有效数字，能对有效数字进行运算和修约，完整、规范地书写实验报告。

三、相关知识

（一）有效数字的概念

由于在测量过程中不可避免地存在着一定的误差，并且仪表的分辨能力有一定的限制，因此测量数据不可能完全准确。在一般情况下，测量结果中的最后一位数字通常是估计出来的。例如，已测得某个电压为 19.5 V，这里的前两位数字 1 和 9 是准确可靠的，称为准确数字，最后一位数字 5 则是估计数值，称为欠准数字，欠准数字只有一位。准确数字加上欠准数字称为有效数字。测量结果未标明测量误差时，一般认为其误差的绝对值不超过末位有效数字的单位的 1/2。

（二）有效数字的表示

（1）在做测量记录时，每一个测量数据都应保留一位欠准数字，即最后一位前的各位数字都必须是准确的。例如，用一只刻度为 50 分度（50 个小格）、量程为 0～50 V 的电压表测得的电压是 42.3 V，则该电压的读数是三位有效数字，前两位数字是准确的，最后一位数字 3 是欠准数字。因为它是根据最小刻度估计出来的，也可以估计读为 2、4 等。

（2）应特别注意数字"0"的情况。它既可以是有效数字，也可以不是有效数字。例如，28.76 就是一个四位的有效数字，其中最后一位的 6 是欠准数字，而 2、8、7 是准确数字。而"0"这个比较特殊的数字，当它出现在数尾或其他非零数字中间时是有效数字，例如 1001、1500、4.880 都是四位有效数字；而当"0"在第一个非零数字之前时就不是有效数字了，如 0.00117 前面三个 0 都不是有效数字，它只是一个三位有效数字。5.150 A 这样的测量数据，其意义在于它的千分位是欠准确的，不能随意改写为 5.15 A 或 5.1500 A 等数字，因为这样就会改变测量精确程度。还要注意的是，像 0.50 V 这样的数字，最后一个 0 也是有效数字，因为它反映了测量结果的误差程度。即表明包含的误差绝对值应不大于 0.005 V，所以不能随意省去。若将 6.50 V 改写成 6.5 V，则后者包含的误差绝对值应不大于 0.05 V，不经意中就使测量误差人为地扩大了 10 倍！

（3）对于像 678 000 Ω 这样的数字，若实际上在百位数上就包含误差（百位数是一个欠准数字），则它实际上只有四位有效数字，这时百位数上的 0 是有效数字不能省去，但十位和个位数上的 0，虽然不是有效数字，可是它们都要用来表示数字的位数，也不能随意省去，通常用有效数字乘以 10 的方幂的形式。例如，把 678 000 Ω 写成 6.780×10^5 Ω，就很清楚地表明有效数字的位数只有四位，包含的误差绝对值不大于 50 Ω。由这个例子还可以看出，不是数字的位数保留得越多越好，而是要按照有效数字的位数保留数字，这个处理数字的过程常称为修约。

（4）表示常数的数字，可以认为它的有效数字的位数是无限多的。例如，圆的直径 $D = 2R$（R 为半径），其中 2 为常数，它的有效数字为无限位，D 的有效数字的位数仅由 R 的有效数字的位数来确定。

（三）有效数字的运算规则

1. 加减法

几个数据相加减时，所得结果的有效数字位数的保留应以小数点后位数最少的数据为根据。例如：

$$0.12 + 0.035\ 4 + 42.716 = 42.871\ 4 \approx 42.87$$

2. 乘除法

几个数据相乘或相除时，它们的积或商的有效数字位数的保留必须以各数据中有效数字位数最少的数据为准。例如：

$$1.54 \times 31.76 = 48.910\ 4 \approx 48.9$$

3. 乘方和开方

对数据进行乘方或开方时，所得结果的有效数字位数保留应与原数据相同。例如：

$$6.72^2 = 45.158\ 4 \approx 45.2（保留三位有效数字）$$

$$\sqrt{9.65} = 3.106\ 44\cdots \approx 3.11（保留三位有效数字）$$

4. 对数运算

取对数运算前后的有效数字位数应相等。例如：

$$\lg 2.89 = 0.461,\ \ln 203 = 5.31$$

（四）有效数字的修约规则

当有效数字位数确定以后，多余的位数应一律进行修约（舍入）处理，其规则如下：

（1）所要舍去的数字中最左面的第一个数字小于 5，则舍去；若大于 5，则进 1。例如，$\pi = 3.141\ 592\ 6\cdots$ 取三位时有效数字为 3.14，取五位时为 3.141 6。

（2）所要舍去的数字中最左面的第一个数字等于 5，而 5 之后的数不全为 0，则进 1。例如，把 3.275 01 修约到小数点后二位，结果为 3.28。

（3）所要舍去的数字中最左面的第一个数字为 5，而 5 之后的数字全为 0，则当所保留的数字的末位数为奇数时，末位数加 1，否则末位数不变。例如，要把 3.250 和 6.750 修约得只留一位小数，结果分别为 3.2 和 6.8。

（五）实验报告的内容与要求

实验报告是进行实验的全过程的总结。它既是完成电工测量实验教学的关键环节，也是今后撰写其他工程实验报告的基本功训练和参考资料。

1. 实验报告的内容

实验报告应包括以下内容：

(1)实验目的。阐述要条理清楚,简明扼要。

(2)实验所用的仪器仪表和元器件。清单包括名称、型号、规格、准确度或精度、数量。实验中还要记下它们的编号。

(3)实验原理。简要说明原理,重点是实验所采用的电路一定要画清楚。

(4)实验步骤。根据实验的具体任务与要求,拟定主要步骤,重点是实验过程中每一步所采用的电路图都要画清楚。

(5)实验数据记录。要十分注意实验数据记录表格的设计。在实验预操作中,应对事先设计的表格做修补。例如,在极值附近,应多加一些测量点,使测量点更加密集,尽可能测出真正的极值。为减小误差,一般情况下,一种测量至少应重复做三次以上。

(6)实验数据计算和误差分析。要遵照有效数字计算规则和误差计算方法进行实验数据的处理、计算和误差分析。

(7)实验结论。

(8)实验建议与思考。实验的建议可以通过实验中发生和发现的问题提出来。

2. 实验报告的要求

实验报告中的(1)~(4)项,应在预习时完成,实验中要补充完善第(5)项。其余各项应在实验中基本形成,实验结束后整理完善。书写实验报告要求文字简洁、工整;数字处理要求按有效数字计算的规则进行;要对测量结果做出"实事求是"的误差分析;绘制图表和曲线要清晰、规范,要求用坐标纸画图;实验结论要有科学根据和理论分析;回答问题要尽可能准确。

四、思考与练习

1　求出下列数字修约为四位数字的结果:①$e = 2.718\,28$;②$5.718\,1$;③$8.119\,8$。

2　在电流测量过程中,用电流表测得的两个电流值分别为 10.2 A 和 4.2 A,求这两个电流之差。

3　将 33 345.85、8 478.0、117.4、4 050、550 各数化整为百位数的有效数字。

4　以下数值是用有效位数两位的仪表测量得到的,其中哪些值的写法是正确的？并将写错的值改正。

52 000 Ω;　4.5 mA;　0.07 kV;　0.009 A;　43.5 V;　0.033 7 W。

5　计算 $12.34 \times 2.45 + 48.5 + 1.24 =$? $\ln 8 =$?

项目三 直流常用测量仪器及基本实验

任务一 直流电路的认识实验

一、学习目标

(1)熟悉实验室电源配置等概况。

(2)练习使用晶体管直流稳压电源。

(3)练习使用直流电流表和电流电压表。

(4)练习使用万用表的直流电流挡和电压挡。

(5)通过电位的测量,进一步明确电位、电压的概念及其相互关系。

二、任务描述

通过对任务中常用仪器工作原理及使用方法的了解,掌握直流电路中基本的电压、电位测量方法。

三、相关知识

(一)磁电系仪表的结构和工作原理

直流电流表和直流电压表主要采用磁电系测量机构。测量时,电流表与被测电路串联,电压表与被测电路并联。由于电流表的内阻并不等于零,电压表的内阻也并不等于无穷大,因此当它们接入电路时,会对电路的工作状态产生一定的影响,从而造成测量误差。电流表内阻越小,或电压表内阻越大,对被测电路的影响就越小,测量误差也越小。

1.磁电系仪表的结构

磁电系测量机构是利用永久磁铁的磁场对载流线圈产生作用力的原理制成的,如图 3-1 所示。

磁电系测量机构由两部分组成:一个是固定部分;另一个是可动部分。固定部分是磁路系统,它包括永久磁铁和圆柱形铁芯。可动部分是由绕在铝框上的可动线圈(简称动圈)、游丝、指针等组成的。铝框和指针都固定在转轴上,转轴由上、下两个半轴构成。上、下两个游丝的螺旋方向相反,它们的一端固定在转轴上,并分别与线圈的两个端头相连。下游丝的另一端固定在支架上,上游丝的另一端与调零器相连。所以,游丝不但用来产生反作用力矩,并且用来作为将电流导入动圈的引线。在转轴上还装有平衡锤,用来平衡指针的重量。

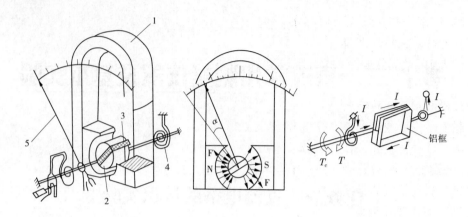

1—永久磁铁;2—圆柱形铁芯;3—动圈;4—游丝;5—指针

图 3-1　磁电系结构

2. 工作原理

当电流 I 通过动圈时,动圈就会受到磁场 B 的作用力而发生偏转。动圈每边导线所受到的电磁力 $F = NBIL$,其中 N 为匝数,L 为一边的长度。动圈所受到的转动力矩为

$$M = 2F\frac{b}{2} = NBILb = NBAI \tag{3-1}$$

式中　b——动圈宽度;

　　　A——动圈的面积。

在转动力矩的作用下,可动部分发生偏转,如图 3-1 所示。引起游丝扭转而产生反作用力矩 M_a,此力矩与扭紧的程度成正比,故有

$$M_a = D\alpha \tag{3-2}$$

式中　α——动圈的偏转角;

　　　D——游丝的弹性系数。

当转矩力矩与反作用力矩平衡时,指针将停留在某一位置,此时有

$$M = M_a$$
$$NBAI = D\alpha$$
$$\alpha = \frac{NBA}{D}I = SI$$

所以

$$S = \frac{NBA}{D}$$

式中,S 是磁电系仪表机构的灵敏度,它是一个常数。所以,磁电系测量机构的指针偏转角 α 与通过动圈的电流 I 成正比。因此,标尺的刻度是均匀的,即线性标尺。

磁电系测量机构利用铝框产生阻尼力矩,当可动部分在平衡位置左右摆动时,铝框因切割磁力线而产生感应电流 I_e,此电流受磁场作用而产生作用力 F。其方向总是与铝框摆动的方向相反,从而阻止可动部分来回摆动,使之很快地停止摆动,静止下来。

当铝框静止时,由于不再切割磁力线,铝框里没有电流,故不产生阻尼力矩。由此可见,阻尼器有以下特点:

（1）阻尼力矩在仪表可动部分摆动时产生，其方向总是与摆动的方向相反，从而对可动部分的摆动起制动作用。

（2）当可动部分静止不动时，阻尼作用也随之消失，因而阻尼器对测量结果没有影响。

3. 磁电系仪表的特点

磁电系仪表的优点是刻度均匀，仪表内部耗能小，灵敏度和准确度较高。另外，由于仪表本身的磁场较强，所以抗外界磁场干扰能力较强。这种仪表的缺点是结构复杂，价格较高，过载能力小，且只能用来测量直流。由于磁电系仪表准确度较高，所以经常用作实验室仪表和高精度的直流标准表，用来测直流电流、直流电压，也可用作万用表的表头。

（二）直流稳压电源

稳压电源是在电网电压或负载变化时，其输出电压能够基本上保持不变的电源。电源电压的稳定在电路测量中特别重要，这是因为电源电压的不稳定而造成的测量误差，甚至可能使电路无法正常工作。稳压电源有直流稳压电源和交流稳压电源两大类。下面只介绍直流稳压电源。

1. 直流稳压电源的基本工作原理

市电电源供给的是有效值为 220 V、频率为 50 Hz 的正弦交流电，显然不能用作直流电源，需要对它进行"加工"。首先，需要用整流电路将交流电转换为直流电。整流后的电压会随着市电电压或负载的变化而变化，这种变化会使得用电的电子设备不能正常工作。因此，还需要用稳压电路将整流电压稳定在一定范围内。直流稳压电源就是完成上述两项任务的电子设备。

直流稳压电源的工作原理是先用变压器将 220 V、50 Hz 的交流电压转换为所需幅度的交流电压，然后用整流电路把交流电压变为直流脉动电压，再经过滤波电路使直流脉动电压平滑，最后通过直流稳压电路输出稳定的工作电压，如图 3-2 所示。

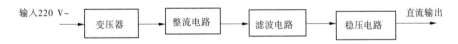

图 3-2　直流稳压电源工作原理示意

2. HH1713 型双路直流稳压电源的主要技术指标

（1）该稳压电源具有步进换挡、电压连续可调的功能。

（2）输出电压：0 ~ 30 V（3 V 步进，共 10 挡）。

（3）输出电流：0 ~ 2 A。

（4）纹波电压：≤1 mV（有效值）。

（5）电表误差：≤3%（满量程）。

3. HH1713 型双路直流稳压电源的使用方法

（1）电源共有两路输出，每路各有一块电压/电流表。当"电压/电流指示选择开关"处于正常状态时，仪表显示的是电压值，当按下"电压/电流指示选择开关"时，仪表显示的是电流值。

（2）输出电压 0 ~ 30 V 连续可调。开机前应根据使用要求将"输出电压步进选择开关"置于所需的挡位,"输出电压连续调整旋钮"调到最小位置;接通交流电源后,再用"输出电压连续调整旋钮"将输出的直流电压调节到所需要的电压值。

（3）调好输出电压后,先关闭交流电源,再连接实验电路,以免误将过高电压引入实验电路,造成实验设备的损坏。改变测试电路时,则应"先断电、后接线",严禁带电操作,以保证人身和设备的安全。

（4）两组"+"、"-"端钮分别为两路电源的输出端。另外,"⊥"端是与机壳相连的端钮。将面板上的"⊥"的接线柱与"-"（或"+"）接线柱相连,可组成正（负）电压输出。

（5）当实验所需的直流电源电压超过 30 V 时,可将二路输出串联使用,输出电压为各电源电压表指示之和。但须注意,这时只允许其中一路的"-"接线柱与面板上的"⊥"接线柱连接。

4.使用 HH1713 型双路直流稳压电源的注意事项

使用过程中不要将电压输出端短路,如发现短路现象,应迅速关闭电源;也不能使输出电流超过稳压电源的额定电流值。对于一般多量程的仪表（电压表、电流表等）都是以仪表的满刻度来代表各个量程的最大值,根据所选的量程读取测量数据。而稳压电源面板上的电压表和电流表却不同,它们都是标以电压和电流的实际值。例如,电压表上的 15 就是 15 V,与"输出电压步进调整开关"无关。

（三）万用表的使用

万用表是一种常用的多功能表,主要用来测量电压、电流、电阻、晶体管放大倍数等,虽然准确度不高,但使用简单,携带方便,是维护、检修电气设备的常用工具。万用表可以分为模拟式（磁电式,见图 3-3）和数字式万用表两大类。

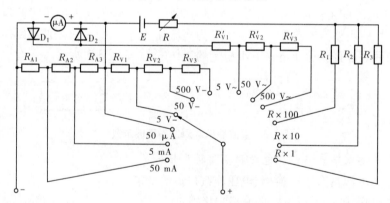

图 3-3 万用表内部电路结构

1.磁电式万用表

（1）直流电流的测量。转换开关置于直流电流挡,被测电流从"+"、"-"两端接入,便构成直流电流测量电路。图中 R_{A1}、R_{A2}、R_{A3} 是分流器电阻,与表头构成闭合电路。通过改变转换开关的挡位来改变分流器电阻,从而达到改变电流量程的目的。

（2）直流电压的测量。转换开关置于直流电压挡,被测电压接在"+"、"-"两端,便构成直流电压的测量电路。图中 R_{V1}、R_{V2}、R_{V3} 是倍压器电阻,与表头构成闭合电路。通过改变转换开关的挡位来改变倍压器电阻,从而达到改变电压量程的目的。

（3）交流电压的测量。转换开关置于交流电压挡,被测交流电压接在"＋"、"－"两端,便构成交流电压测量电路。测量交流时必须加整流器,二极管 D_1 和 D_1 组成半波整流电路,表盘刻度反映的是交流电压的有效值。R'_{V1}、R'_{V2}、R'_{V3} 是倍压器电阻,电压量程的改变与测量直流电压时相同。

（4）电阻的测量。转换开关置于电阻挡,被测电阻接在"＋"、"－"两端,便构成电阻测量电路。电阻自身不带电源,因此接入电池 E 。电阻的刻度方向与电流、电压的刻度方向相反,且标度尺的分度是不均匀的。

500 型万用表如图 3-4 所示,有两个"功能/量程"转换旋钮,每个旋钮上方有一个尖形标志。利用两个旋钮不同位置的组合,可以实现交、直流电流、电压、电阻及音频电平的测量。如测量直流电流,先转动左边的旋钮,使"A"挡对准尖形标志,再将右边旋钮转至所需直流电流量程即可进行测量。使用前注意先调节调零旋钮,使指针准确指示在标尺的零位置。

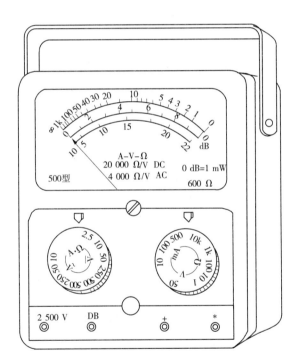

图 3-4 500 型万用表

2.数字式万用表

数字式万用表由功能变换器、转换开关和直流数字电压表三部分组成,其原理框图如图 3-5 所示。直流数字电压表是数字式万用表的核心部分。各种电量或参数的测量,都是首先经过相应的变换器,将其转化为直流数字电压表可以接受的直流电压,然后送入直流数字电压表,经模/数(A/D)转换器变换为数字量,再经计数器计数并以十进制数字将被测量显示出来。

以 DT－830 型数字万用表(见图 3-6)为例说明它的测量范围和使用方法。

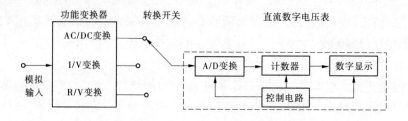

图 3-5　数字式万用表原理框图

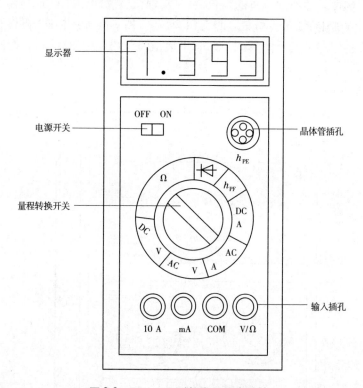

图 3-6　DT - 830 型数字万用表结构

1)测量范围

(1)直流电压分五挡:200 mV,2 V,20 V,200 V,1 000 V。输入电阻为 10 MΩ。

(2)交流电压分五挡:200 mV,2 V,20 V,200 V,750 V。输入阻抗为 10 MΩ。频率范围为 40 ~ 500 Hz。

(3)直流电流分五挡:200 μA,2 mA,20 mA,200 mA,10 A。

(4)交流电流分五挡:200 μA,2 mA,20 mA,200 mA,10 A。

(5)电阻分六挡:200 Ω, 2 kΩ, 20 kΩ, 200 kΩ, 2 MΩ,20 MΩ。

此外,还可检查二极管的导电性能,并能测量晶体管的电流放大系数和检查线路通断。

2）面板说明

（1）显示器。显示四位数字，最高位只能显示 1 或不显示数字，算半位，故称三位半。最大指示值为 1.999 或 –1.999。当被测量超过最大指示值时，显示"1"或"–1"。

（2）电源开关。使用时置于"ON"，使用完毕置于"OFF"。

（3）转换开关。根据被测的电量选择相应的功能位，按被测量的大小选择适当的量程。

（4）输入插座。将黑色测试笔插入"COM"插座。红色测试笔在测量电压和电阻时，插入"V/Ω"插座；测量小于 200 mA 电流时，插入"mA"插座；测量大于 200 mA 电流时，插入"10 A"插座。

通过电位的测量，进一步明确电位、电压的概念及其相互关系。

四、任务实施

（一）仪器设备

（1）晶体管直流稳压电源 APS3003S – 3D	1 台
（2）1.5 V 干电池	1 节
（3）直流电压表 C43 型（0 ~ 7.5 V）	1 只
（4）直流毫安表 C43 型（0 ~ 100 mA）	1 只
（5）万用表 DT – 99228B	1 只
（6）线绕电阻或碳膜电阻（15 Ω、15 W）	2 只
（7）单刀开关	1 只

（二）练习使用晶体管直流稳压电源

（1）熟悉稳压电源面板上各开关、旋钮的位置，了解其使用方法。

（2）将万用表的有关转换开关置于测直流电压的适当挡位上，红色测试棒的插头插入万用表"＋"插孔，黑色测试棒的插头插入"–"插孔或标有"＊"号的公共插孔。

（3）将直流稳压电源的电源插头插入市电 220 V 插座，合上电源开关。接通工作电源后，面板上的指示灯应亮。

（4）由小到大分别将稳压电源输出电压的"粗调旋钮"转至各挡，然后将输出电压的"细调旋钮"从最小位置顺时针转至最大位置。用装好测试棒的万用表直流电压挡测量直流稳压电源的输出电压。当"粗调旋钮"置于不同挡位时，输出电压的调整范围。万用表直流电压挡指示值记入表 3-1 中。

表 3-1　万用表直流电压挡指示值

"粗调旋钮"挡位					
输出电压调整范围					

（三）直流无分支电路电流、电压和电位的测量

（1）直流电压表接上测试棒后选择合适的量限，测量一节干电池的开路电压 U_{S2}，所得测量结果记入表 3-2 中。

表 3-2　实验数据(一)

参考点	测量数据						计算值		
	项目	φ_A	φ_B	φ_C	U_{S1}	U_{S2}	I	U_{AB}	U_{BC}	U_{CA}
A	仪表量限									
	仪表指示值									
B	仪表量限									
	仪表指示值									

(2)使用直流电压表,调稳压电源的输出电压 U_{S1} 为 3.00 V。

(3)按图 3-7 所示原理电路,将直流稳压电源、干电池和两只(15 Ω、15 W)的线绕电阻接成无分支电路。

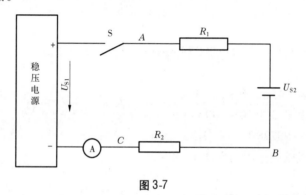

图 3-7

(4)接好实验线路,经自查和互查后合上开关 S。

(5)分别以 A、B 两点为参考点,测量 A、B、C 三点的电位。将所测电位数值及 U_{S1}、I 的数值记入表 3-2 中,并根据电压和电位的关系计算 U_{AB}、U_{BC}、U_{CA} 填入表 3-2 中。

(6)断开开关 S,将万用表的转换开关置于测量图 3-7 电路电流 I 的合适挡位,由开关的两端将万用表直流电流挡串入电路,将此时万用表和毫安表的指示值及有关数据记入表 3-3 中。

表 3-3　实验数据(二)

仪表名称	仪表量限	仪表准确度	仪表指示值
毫安表			
万用表直流电流挡			

(7)完成实验所有要求测量的项目后,应先自查表 3-2 中的实验数据是否完整和合理。在实验误差范围内,U_{AB}、U_{BC}、U_{CA} 的计算值应与参考点的选择无关,U_{CA} 与测量所得的 U_{S1} 相等,U_{BC} 约等于 IR_2,电流 I 的实际方向和参考方向一致。所以,$\varphi_A > \varphi_B > \varphi_C$。当以 A 点为参考点时,φ_B 和 φ_C 为负值;而当以 B 点为参考点时,φ_A 为正,φ_C 为负……这些都可用来判断数据是否合理。

(8)请指导教师审查数据的原始记录,待通过后再拆线。万用表使用完毕后,应将转换开关置于交流电压的最高挡位或空挡上,以避免下次使用时误用电流挡测电压而损坏仪表。晶体管稳压电源用过后,也就将其输出电压的"粗调旋钮"和"细调旋钮"置于输出电压最小的位置。将仪器设备送回原处并排放整齐。

五、思考与练习

1　为了从晶体管直流稳压电源得到某一定值的输出电压,该如何操作? 试归纳其调节程序。

2　总结用单向偏转的直流电压表去测量直流电路中某点的未知电位的方法。

3　用实验数据说明电位的具体数值与电位参考点的选择有关,用计算数据说明两点间的电压与参考点的选择无关。

4　分析表3-3中两只仪表指示值不同的主要原因。哪只仪表的指示值准确一些?为什么?

任务二　电阻和电源伏安特性的测定

一、学习目标

(1)学习使用滑线电阻。

(2)进一步熟悉直流稳压电源的正确使用方法。

(3)根据实验具体情况,能够自行选择电流表、电压表的量限。

(4)获得线性电阻、非线性电阻及电源伏安特性的感性认识。

(5)学习绘制实验曲线。

二、任务描述

测定在直流回路中,滑动变阻器触头位置的改变对线性、非线性负载伏安特性的影响。

三、相关知识

(一)滑动变阻器简介

滑动变阻器是电学中常用器件之一,它的工作原理是通过改变接入电路部分电阻绕线的长度来改变电阻的,逐渐滑动变阻器的电阻丝目的是改变电路中的电流大小,金属杆一般是使用电阻小的金属,所以当电阻横截面面积一定时,电阻丝越长,电阻越大,而电阻丝越短,电阻越小,如图3-8所示。

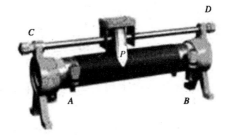

图3-8　滑线电阻

连接的方法有6种,分别为 AB、AC、AD、BD、BC、CD。其中,只有 AC、AD、BD、BC 这四种方法,也就是所谓的"一上一下",可以改变阻值。

（二）电阻的伏安特性

在 u、i 为关联参考方向的条件下，线性电阻的伏安特性符合欧姆定律，即有 $u = Ri$，在直流电路中 $U = RI$；若选择 u、i 为非关联参考方向即 $-u = Ri$。线性电阻和非线性电阻伏安特性如图 3-9 所示。

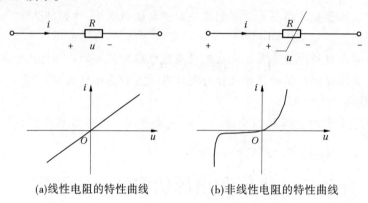

(a)线性电阻的特性曲线　　　(b)非线性电阻的特性曲线

图 3-9　线性电阻和非线性电阻伏安特性

（三）电源的伏安特性

1. 理想电压源

理想电压源是一个二端元件，其电流是一定的时间函数，与它的电压无关；它的电压（以及功率）由与之相连的外部电路决定。理想电压源伏安特性如图 3-10 所示。

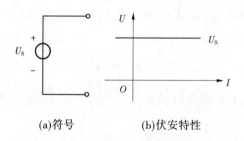

(a)符号　　　　(b)伏安特性

图 3-10　理想电压源伏安特性

2. 实际电源

实际电压源的关系式：

$$U = U_{oc} - \frac{U_{oc}}{I_{sc}}I = U_S - R_0 I \tag{3-3}$$

式中　U_{oc}——开路电压；

　　　I_{sc}——短路电流；

　　　R_0——等效电阻。

实际电压源伏安特性见图 3-11。

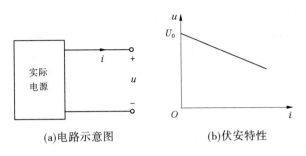

(a)电路示意图　　　　　　(b)伏安特性

图 3-11　实际电压源伏安特性

四、任务实施

(一)仪器设备

(1)晶体管直流稳压电源 APS3003S–3D　　　　　　　　　　　　　1 台
(2)滑线电阻 J2354–2(0~200 Ω)　　　　　　　　　　　　　　　　1 只
(3)小电珠(1.5 V、7.5 Ω)　　　　　　　　　　　　　　　　　　　1 只
(4)绕线电阻(15 Ω、15 W)　　　　　　　　　　　　　　　　　　　1 只
(5)直流毫安表 C34 型(100 m/200 mA、0.5 级)　　　　　　　　　　1 只
(6)直流电压表 C34 型(1.5 V/3.0 V/7.5 V、0.5 级)　　　　　　　　1 只
(7)万用表 DT–99228B　　　　　　　　　　　　　　　　　　　　1 只
(8)单刀开关　　　　　　　　　　　　　　　　　　　　　　　　　1 只

(二)认识滑线电阻

(1)仔细观察滑线电阻电阻丝的绕法,区分其固定端钮与滑动触头的引出端钮。

(2)从铭牌上查找滑线电阻的额定值。

(3)用万用表的欧姆挡测量滑线电阻固定端钮间的电阻。之后,将万用表欧姆挡的一支测试棒接至滑线电阻的任一固定端钮,另一支测试棒接至滑动触头的引出端钮,改变滑动触头的位置,观察仪表指示值的变化。

使用万用表欧姆挡时要注意:

(1)有关的转换开关要置于测电阻的适当挡位上。

(2)测电阻之前,先将万用表两根测试棒短接,调整面板上的零欧姆调整器,使指针指向零欧姆处,然后才能测量未知电阻。每次更换量限,都要重新进行零欧姆调整。

(3)选量限时,应努力使仪表指示接近欧姆表标尺的中间,即欧姆中心值。

(4)要按欧姆刻度读数。如果仪表的指针正指向"8"处,量限为"×10 Ω",则被测电阻为 80 Ω,其余类推。将实验数据记入表 3-4 中。

表 3-4　实验数据(一)

万用表欧姆挡量限	滑线电阻两固定端钮间的电阻	
	标称值	万用表欧姆挡指示值

（三）电阻伏安特性的测定

（1）按图 3-12 所示原理电路接线。在图 3-12 中，用滑线电阻接成分压器电路，线绕电阻作为被测电阻 R_L。未实验前，滑线电阻的滑动触头应放置在输出电压最小的位置。

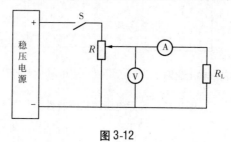

图 3-12

调稳压电源的输出电压 U_S 为 4.5 V，合上开关 S，改变滑线电阻滑动触头的位置，使通过被测电阻 R_L 的电流分别为 40 mA、80 mA、120 mA、160 mA、200 mA，将仪表指示值记入表 3-5 中。

表 3-5　实验数据（二）

测量数据	$I(\text{mA})$	仪表量限					
		仪表指示值					
	$U(\text{V})$	仪表量限					
		仪表指示值					
计算值 $\dfrac{U}{I}(\Omega)$							

计算表 3-5 中各种情况下的 $\dfrac{U}{I}$ 值。电流小于额定值时的绕线电阻，其伏安特性十分接近于线性电阻，因此各 $\dfrac{U}{I}$ 的计算值应十分接近。自查表 3-5 中的所有数据是否完整、合理之后要进行下一个项目的实验。

（2）将图 3-12 中的 R_L 改换为小电珠。仍调节稳压电源的输出电压 U_S 为 4.5 V，合上开关 S。改变滑线电阻滑动触头的位置使指示电压表指示值分别为小电珠的额定电压的20%、40%、60%、80%、100%，将各仪表指示值记入表 3-6 中。

表 3-6　实验数据（三）

测量数据	$I(\text{mA})$	仪表量限					
		仪表指示值					
	$U(\text{V})$	仪表量限					
		仪表指示值					
计算值 $\dfrac{U}{I}(\Omega)$							

计算表3-6中各种情况下的 $\dfrac{U}{I}$ 值。小电珠的端电压由零值升到额定值的过程中,电流也逐渐增大。小电珠的实际功率增大的结果,钨丝由常温逐渐变为白炽状态,小电珠的钨丝电阻随电流(电压)的增大布置较为明显增大。根据刚才讨论的趋势,检查表3-6中的实验数据是否合理。

(四)电源伏安特性的测定

(1)按图3-13所示原理电路接线。图中的 R_0 用线绕电阻,可变电阻 R 用滑线电阻。实验前滑线电阻的滑动触头应置于 R 最大的位置上。

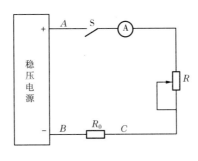

图3-13

(2)调直流稳压电源的输出电压 U_S 为5.00 V,未合上开关时,测 U_{AB}、U_{AC}。然后合上开关,调整滑线电阻的滑动触头的位置使毫安表指示值分别为40 mA、80 mA、120 mA、160 mA、200 mA,并测量各种情况下的 U_{AB}、U_{AC}。将实验数据记入表3-7中。

表3-7　实验数据(四)

I(mA)	仪表量限					
	仪表指示值					
U_{AB}(V)	仪表量限					
	仪表指示值					
U_{AC}(V)	仪表量限					
	仪表指示值					

五、思考与练习

由于晶体管直流稳压电源本身就可提供连续可调的实验电压,所以测电阻伏安特性可不应用分压器电路。试画出直接利用稳压电源输出电压进行该项目实验的原理电路,并规划其实验步骤。

任务三　验证 KCL 和 KVL

一、学习目标

(1)学习使用转臂式电阻箱。

（2）学习粗略估算测量结果的误差。

（3）学习应用 KCL 、KVL 以及欧姆定律定性校核实验数据是否合理,加深对电路基本定律的认识。

二、任务描述

（1）通过电路中某一节点电流的测量,验证是否遵循基尔霍夫电流定律平衡条件。

（2）闭合回路中,通过各元件电压数值的测量,验证是否符合基尔霍夫电压定律平衡条件。

三、相关知识

（一）基尔霍夫电流定律(KCL)

基尔霍夫电流定律,简记为 KCL,是确定电路中任意节点处各支路电流之间关系的定律,定律内容是:所有进入某节点的电流的总和等于所有离开该节点的电流的总和,如图 3-14 所示。基尔霍夫电流定律表示为

$$\sum_{k=1}^{n} i_k = 0 \tag{3-4}$$

规定流进节点为正,流出为负。

（二）基尔霍夫电压定律(KVL)

基尔霍夫电压定律,简记为 KVL,是电场为位场时电位的单值性在集总参数电路上的体现,定律内容是:沿着闭合回路所有元件两端的电势差（电压）的代数和等于零,如图 3-15所示。基尔霍夫电压定律表示为

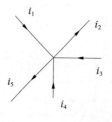

图 3-14　KCL 原理图　　　　　　图 3-15　KVL 原理图

$$\sum_{k=1}^{m} u_k = 0 \tag{3-5}$$

与绕行方向相同为正,相反为负。

四、任务实施

（一）仪器设备

（1）晶体管直流稳压电源 APS3003S－3D　　　　　　　　　　　　　1 台

（2）直流毫安表 C34 型（100 m/200 mA、0.5 级）　　　　　　1 只

（3）直流电压表 C34 型（1.5 V/3.0 V/7.5 V、0.5 级）　　　　1 只

（4）1.5 V 干电池　　　　　　　　　　　　　　　　　　　　3 节

（5）绕线电阻（15 Ω、15 W）　　　　　　　　　　　　　　　2 只

（6）绕线电阻（100 Ω、15 W）　　　　　　　　　　　　　　1 只

（7）转臂式电阻箱 J2362 型（0～9 999.9 Ω、0.2 级）　　　　1 只

（8）万用表 DT－99228B　　　　　　　　　　　　　　　　　1 只

（9）开关　　　　　　　　　　　　　　　　　　　　　　　　1 只

（二）步骤

（1）先将两节干电池顺向串联，测其开路电压 U_{S2} 值并记入表 3-8 中。

表 3-8　实验数据（一）

被测物理量			U_{S1}	U_{S2}	I_1	I_2	I	U_{AB}	U_{BC}	U_{AC}
顺序	1	仪表量限								
		仪表指示值								
	2	仪表量限								
		仪表指示值								
	3	仪表量限								
		仪表指示值								

（2）按图 3-16 所示电路接线。其中，开关 S 预置在断开状态，由直流稳压电源和线绕电阻串联组成 U_{S1} 和 R_{01} 所在支路，由两节干电池和另一只线绕电阻组成 U_{S2} 和 R_{02} 所在支路。为了便于检查，各支路宜选用不同颜色的连接导线。

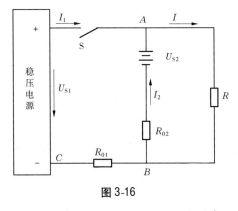

图 3-16

（3）预先调节直流稳压电源的输出电压 $U_{S1} = U_{S2}$。然后合上开关 S，测 I_1、I_2 和 I。用电压表测 U_{AB}、U_{AC} 和 U_{BC}。以上测量数据连同毫安表指示值一起记入表 3-8 的"顺序 1"一栏中。

（4）逐步增大稳压电源的输出电压，使 $I_2 = 0$。测量这种情形下的 I_1、I 以及电压 U_{AB}、U_{BC}、U_{AC}，并将实验数据记入表 3-8 的"顺序 2"一栏中。

（5）继续增大稳压电源的输出电压至 5.00 V，测量 I_1、I_2、I 及电压 U_{AB}、U_{BC}、U_{AC}，将测量数据记入表 3-8 的"顺序 3 "一栏中。

（6）自查表 3-8 的所有实验数据是否完整和合理。在实验允许的误差范围内，$I_1 + I_2$ 应与 I 一致，$U_{AB} + U_{BC}$ 应与 U_{AC} 一致，U_{AB} 应与 IR 相一致。

五、思考与练习

在图 3-16 所示实验电路中，$R_{01} = R_{02} = 15\ \Omega$，$R = 100\ \Omega$。某同学记录了一组实验数据如表 3-9 所示，其中有一个数据是完全没有意义的坏值，你能判断是哪一个吗？为什么能做出这样的判断？

表 3-9　实验数据（二）

$U_{S1}(V)$	$U_{S2}(V)$	$I_1(mA)$	$I_2(mA)$	$I(mA)$	$U_{AB}(V)$	$U_{AC}(V)$	$U_{BC}(V)$
6.6	3.05	140	−85.0	−44.5	4.5	6.6	−2.12

任务四　直流单臂电桥和兆欧表的使用

一、学习目标

（1）练习使用直流单双臂电桥和兆欧表。
（2）进一步熟悉万用表欧姆挡的使用。
（3）巩固对欧姆表及直流单双臂电桥工作原理的认识。

二、任务描述

（1）用万用表欧姆挡粗测被测电阻值，确定单臂电桥比率臂数值，根据比较结果调整比较臂数值，确定准确的单臂电桥测量结果。

（2）用开路实验和短路实验检测兆欧表的好坏，正确将 L、E、G 三个接线柱连接测量对象，以 120 r/min 的摇动速度测量，待指针稳定后，读数。

三、相关知识

电桥是另一种比较式仪器，它的特点是灵敏度和准确度都很高。电桥分为直流电桥和交流电桥，直流电桥主要用来测电阻。根据结构的不同，直流电桥又分为单臂桥和双臂桥两种。直流电阻可以用磁电系测量机构直接测量，但是准确度较低，特别是测量几欧姆以下的小电阻时，由于接触电阻和导线电阻的影响而使测量无法进行。使用电桥就可以比较准确地测量电阻。单电桥用于测量 $1 \sim 10^6\ \Omega$ 范围的中等数值电阻，而双电桥用于测量 $10^{-6} \sim 1\ \Omega$ 的低值电阻。交流电桥主要用于测量电路元件的等效交流参数。直流单臂电桥面板图如图 3-17 所示。

（一）直流单臂电桥

直流单臂电桥又称为惠斯登电桥，其原理图如图 3-18 所示。其中 R_x、R_2、R_3、R_4 构成

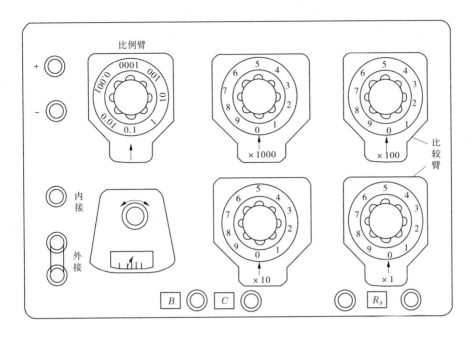

图 3-17　直流单臂电桥面板图

四个电桥的桥臂,R_x 为被测电阻,其余三个臂连接标准可调电阻。电桥的一个对角线 ac 上接直流电源 E,另外一个对角线 bd 上接检流计。

测量时,调节某个桥臂的电阻使得检流计的电流为零,即 $U_{bd} = 0$,这时电桥平衡,则

$$I_x = I_2, \ I_3 = I_4$$

由此可得:$I_x R_x = I_4 R_4$,$I_2 R_2 = I_3 R_3$

将上两式相比,得被测电阻:

$$R_x = \frac{R_2}{R_3} R_4$$

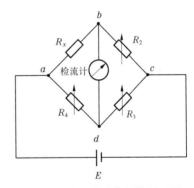

图 3-18　直流单臂电桥的原理图

在实际的电桥线路中,上式中 R_2/R_3 的值是 10 的倍数,是一个相对固定的比例系数,因此这两个电阻所在的桥臂又称为比例臂。R_4 的值可以由零开始连续调节,称为比较臂。实际上 R_2/R_3 和 R_4 已制成相应的读数盘,测量时,调节读数盘的转换开关,使得检流计为零,此时两表盘的乘积即为被测电阻的值。

(二)直流双臂电桥

由于接触电阻和导线电阻的影响,用单臂电桥测量 1 Ω 以下的电阻时误差仍然很大,所以测量低值电阻要采用双臂电桥。

双臂电桥又称为凯尔文电桥,其原理电路如图 3-19 所示。R_1、R_2、R_3、R_4 是桥臂电阻,也把电位端的接线电阻和导线电阻接在其中;R 为跨线电阻,电流端的接线电阻和导线电阻接在其中,阻值很小,可以通过大电流;R_x 和 R_n 分别是被测电阻和标准电阻,而且是四个端钮结构的电阻。这种接线方式消除了接线电阻和导线电阻的影响。

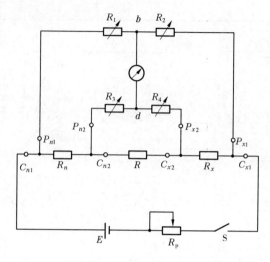

图 3-19 直流双臂电桥的原理图

双臂电桥的平衡条件与单臂电桥基本相同,其原理是要对图 3-19 进行 Y – △ 变换,电桥平衡时,有

$$R_x = \frac{R_1}{R_2} R_n$$

实际测量时,直流双臂电桥与单臂电桥的读数相同。R_2/R_3 和 R_n 也已制成相应的读数盘。测量时,调节读数盘的转换开关使得检流计为零,此时两表盘的乘积即为被测电阻的值。但接线时应该注意,双臂电桥的标准电阻与被测电阻各有一对电流接头(C_{n1}、C_{n2} 和 C_{x1}、C_{x2})和一对电压接头(P_{n1}、P_{n2} 和 P_{x1}、P_{x2}),电流接头统一接在电压接头的外边且接线应尽量短、粗且接触要紧密。另外,直流双臂桥的工作电流较大,要选择适当容量的直流电源,测量过程要迅速,以免耗电量过大。

(三)兆欧表

兆欧表俗称摇表,是测量绝缘体电阻的专用仪表,主要由磁电式流比计与手摇直流发电机组成。

兆欧表的测量原理电路图如图 3-20 所示。由图可以看出,被测电阻 R_x 与测量机构中的可动线圈 1 串联,流过可动线圈 1 的电流 I_1 为

$$I_1 = \frac{U}{R_x + R_A}$$

流过线圈 2 的电流 I_2 为

$$I_2 = \frac{U}{R_V}$$

以上两式中的 R_A 和 R_V 为附加电阻,则偏转角

$$\alpha = K\left(\frac{I_1}{I_2}\right) = K\left[\frac{U/(R_A + R_x)}{U/R_V}\right] = K\left(\frac{R_V}{R_x + R_A}\right) = K_1 R_x$$

由上式可以看出,兆欧表的偏转角 α 与发电机的电压及线圈的电流无关,只与被测电阻有关,兆欧表的指针偏转直接反映被测电阻的大小。

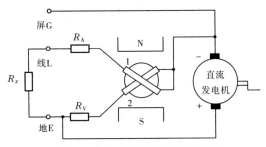

图 3-20　兆欧表的测量原理电路图

四、任务实施

（一）仪器设备

(1)直流单臂电桥 QJ23 型	1 只
(2)直流双臂电桥 QJ26 – 1 型	1 只
(3)万用表 DT – 99228B	1 只
(4)兆欧表	1 只
(5)单相变压器 JB – 1A	1 台
(6)整流二极管	1 只
(7)被测绕线电阻或碳膜电阻	3 只
(8)待测电阻的长导线	1 根
(9)外附分流器	1 只
(10)直流电压表 C34 型(1.5 V/3.0 V/7.5 V、0.5 级)	1 只

（二）用欧姆表测电阻

将万用表置欧姆挡,注意选择合适的量限(万用表欧姆挡的量限俗称"倍率")测量三只绕线电阻或碳膜电阻、变压器高压侧线圈的电阻、二极管正反向电阻的阻值。将实验数据记入表 3-10 中。

表 3-10　实验数据（一）

被测电阻	绕线电阻或碳膜电阻			变压器高压侧线圈的电阻	二极管	
	R_1	R_2	R_3		正向电阻	反向电阻
欧姆挡量限						
测量结果						

二极管是非线性电阻元件且正反向电阻相差很大。当万用表的黑色测试棒接二极管的正极而红色测试棒接二极管负极时,欧姆表指示二极管的正向电阻;而两根测试棒对调后,欧姆表指示二极管的反向电阻。二极管反向电阻远大于其正向电阻。

（三）使用直流单臂电桥测电阻

仔细阅读电桥使用说明后,使用直流单臂电桥测量表 3-11 中各电阻器以及变压器高压侧线圈的电阻值。

表 3-11　实验数据(二)

被测电阻	绕线电阻或碳膜电阻			变压器高压侧线圈的电阻
	R_1	R_2	R_3	
比率臂比率				
比较臂计数				
测量结果				

(四)用兆欧表测变压器绝缘电阻

(1)在兆欧表铭牌上找到其额定电压。若被测设备额定电压在 500 V 以下,一般应采用额定电压为 500 V 的兆欧表进行测量。

(2)在"E"端钮和"L"端钮之间开路和短时间短路的情况下,投入兆欧表的工作电源或摇动手摇式发电机,看仪表指针是否分别指向"∞"及"0"。

(3)用兆欧表测量变压器高压线圈对低压线圈的绝缘电阻,以及高压线圈和低压线圈分别对机壳(或铁芯)的绝缘电阻,并将测量结果记录在表 3-12 中。

表 3-12　实验数据(三)

被测绝缘电阻	高压线圈对低压线圈	高压线圈对机壳	低压线圈对机壳
测量结果			

(五)用直流双臂电桥测小电阻

认真阅读直流双臂电桥使用说明书后,用直流双臂电桥测出一根连接导线的电阻(其数量级为 10^{-2} Ω),测量结果记入表 3-13 中。

表 3-13　实验数据(四)

被测绝缘电阻	电桥比率臂比率	电桥比较臂读数	测量结果
连接导线的电阻			

五、思考与练习

视单臂电桥所测变压器线圈的电阻阻值为实际值,计算万用表欧姆挡测量所得结果的相对误差。

任务五　伏安法测电阻

一、学习目标

(1)初步学习应用伏安法测电阻。

(2)进一步熟悉万用表欧姆挡、直流单臂电桥的使用。

（3）得到电流表内阻不为零、电压表内阻不为无穷大的感性认识。

（4）了解仪表内阻给测量带来的影响。

二、任务描述

（1）测量试验中常用的直流电压表、毫安表内阻，进一步熟悉万用表欧姆挡、单臂电桥的使用。

（2）计算分析回路中开关 S 置于"1""2"（直流毫安表的内接法、外接法）两种位置下，产生的测量误差。

三、相关知识

（一）伏安法简介

伏安法（又称伏特测量法、安培测量法）是一种较为普遍的测量电阻的方法，通过利用欧姆定律 $R = U/I$ 来测出电阻值。用电流表测出在此电压下通过未知电阻的电流，然后计算出未知电阻的阻值，这种测电阻的方法称为伏安法。

另外，人们为了消除电压表、电流表的影响，还有各种伏安法测电阻的补偿电路，但都需要用到电流计，且电路十分烦琐。

伏安法测电阻虽然精度不很高，但所用的测量仪器比较简单，而且使用也方便，是最基本的测电阻的方法。

（二）伏安法的接线方法

用电压表并联来测量电阻两端的电压，用电流表串联来测量电阻通过的电流强度。但由于电表的内阻往往对测量结果有影响，所以这种方法常带来明显的系统误差。

采用伏安法时有两种接法：外接法和内接法。所谓外接、内接，即为电流表接在电压表的外面或里面。接在外面，测得的是电压表和电阻并联的电流，而电压值是准确的，根据欧姆定律并联时的电流分配与电阻成反比，这种接法适合于测量阻值较小的电阻；接在里面，电流表准确，但电压表测量得到的是电流表和电阻共同的电压，根据欧姆定律，串联时的电压分配与电阻成正比，这种接法适合于测量阻值较大的电阻。

四、任务实施

（一）仪器设备

（1）直流毫安表 C43 型（100 mA/200 mA，0.5 级）	1 只
（2）直流电压表 C43 型（1.5 V/3.0 V/7.5 V，0.5 级）	1 只
（3）直流稳压电源 APS3003S - 3D	1 台
（4）直流单臂电桥 QJ23 型	1 台
（5）转臂式电阻箱 FMB2 - 01 型（0 ~ 9 999.9 Ω、0.5 级）	1 只
（6）单刀双掷开关	1 只
（7）万用表 DT - 99228B	1 只
（8）被测线绕电阻或碳膜电阻	2 只

（二）测量直流电压表内阻

用万用表欧姆挡和直流单臂电桥测量电压表各个量限时的内阻值，将实验数据记入表 3-14 中。

表 3-14　实验数据（一）

电压表量限		1.5 V	3.0 V	7.5 V
用万用表欧姆挡测量时	量限			
	测量结果			
用直流单臂电桥测量时	比率臂比率			
	比较臂读数			
	测量结果			

（三）用直流单臂电桥测毫安表各量限时的内阻

测量时为避免通过毫安表的电流超过量限，可以先将毫安表串上一个较大阻值的电阻箱进行试测，然后根据情况逐渐减小与毫安表所串的电阻。在不使毫安表超过量限的前提下，所串电阻越小越好。这样，被测仪表的内阻就等于电桥测量结果减去电阻箱电阻值。采用这种办法测量，最终结果的有效数字有可能比电桥测量结果所得的有效数字少。将用电桥测量毫安表内阻的实验数据记入表 3-15 中。

表 3-15　实验数据（二）

毫安表量限	50 mA	100 mA	200 mA
电桥平衡时毫安表所串电阻			
电桥比率臂比率			
电桥平衡时比较臂读数			
电桥测量结果			
毫安表内阻			

（四）用伏安法测电阻 R_x

（1）按图 3-21 所示原理电路接线，其中 R_x 为被测电阻。

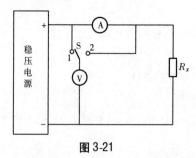

图 3-21

（2）将直流稳压电源的电压由零开始逐步调高，使毫安表指示值超过其一半量限。

(3)将单刀双掷开关置于"1"位置,将电压表和电流表指示值记入表3-16中。

(4)将单刀双掷开关改换到"2"位置,将电压表和电流表指示值记入表3-16中。

(5)更换被测电阻,重复以上实验步骤。

表3-16　实验数据(三)

被测电阻			R_1	R_2
测量数据	电压表	指示值		
		量限		
		准确度		
	电流表	指示值		
		量限		
		准确度		
计算分析	$R'_x = \dfrac{U}{I}(\Omega)$			
	$\gamma_U(\%)$			
	$\gamma_I(\%)$			
	$\gamma_{R'_x}(\%)$			
	测量方法误差 $\gamma_W(\%)$			

注:γ_U 为被测电压的相对误差;γ_I 为被测电流的相对误差;$\gamma_{R'_x}$ 为被测电阻的相对误差。

五、思考与练习

思考用万用表欧姆挡测量电压表内阻时,应如何接线才能保证电压表的指针正偏转?

任务六　自拟实验方案验证戴维南定理

一、学习目标

(1)学习自拟实验方案并完成实验任务。

(2)初步掌握线性有源几端网络参数的测定方法。

(3)加深对戴维南定理的理解。

二、任务描述

小组讨论,拟定合理、可行的实验方案,正确选用设备、仪表,通过任务的实施加深对戴维南定理的理解。

三、相关知识

(一)戴维南定理

含独立电源的线性电阻单口网络 N,就端口特性而言,可以等效为一个电压源和电阻串联的单口网络。电压源的电压等于单口网络在负载开路时的电压 U_{oc}；电阻 R_0 是单口网络内全部独立电源为零值时所得单口网络 N 的等效电阻，过程如图 3-22 所示。

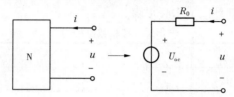

图 3-22　戴维南等效

(二)定理的验证

定理的验证如图 3-23 所示。

图 3-23　定理的验证

(三)求输入电阻的方法

(1)设网络内所有独立电源为零，用电阻串并联或三角形与星形网络变换加以化简，计算端口 ab 的输入电阻。

(2)设网络内所有独立电源为零，在端口 ab 处施加一电压 U，计算或测量输入端口的电流 I，则输入电阻 $R_0 = U/I$。

(3)用实验方法测量或用计算方法求得该二端网络的开路电压 U_{oc} 和短路电流 I_{sc}，输入电阻 $R_0 = \dfrac{U_{oc}}{I_{sc}}$。

四、任务实施

在认真复习理解戴维南定理、归纳线性有源二端网络参数的测定方法之后，选用合适的仪器设备，通过一个具体的实验验证戴维南定理。

(一)仪器设备

(1)晶体管直流稳压电源 APS3003S－3D　　　　　　　　　　　　　　1 台

(2)直流毫安表 C43 型(100 mA/200 mA，0.5 级)　　　　　　　　　1 只

(3)直流电压表 C43 型(1.5 V/3.0 V/7.5 V，0.5 级)　　　　　　　1 只

(4)绕线电阻(15 Ω、15 W)　　　　　　　　　　　　　　　　　　　3 只

(5)电阻箱 FMB2－01 型(0～9 999.9 Ω)　　　　　　　　　　　　　2 只

(6)1.5 V 干电池　　　　　　　　　　　　　　　　　　　　　　　　3 节

(7)直流单臂电桥 QJ23 型　　　　　　　　　　　　　　　　　　　　1 台

（8）万用表 DT‒99228B   1 只

（9）滑线电阻 J2354‒2 型（0~200 Ω）   1 只

（10）开关   1 只

（二）实验内容及方法

由于是第一次自行设计实验方案，特作以下提示：

（1）实验中的线性有源二端网络要实验者自己设计，并利用所提供的实验仪器设备组成电路。由于所用电阻器标称阻值误差较大等原因，它的参数 U_{oc} 和 R_0 仍应通过实验去测定。实验者要自己确定测量有源二端网络参数的方案。

（2）实验时要测出线性有源二端网络在其工作范围内的伏安特性曲线。另外，用端电压等于所测有源二端网络开路电压 U_{oc} 的直流稳压电源，串上阻值等于所测有源二端网络等效内阻 R_0 的电阻箱，组成戴维南等效电路，测量其在相同工作范围内的伏安特性曲线。如果两个伏安特性曲线在实验误差范围内是一致的，则实验验证了戴维南定理。也可以在线性有源二端网络和它的戴维南等效电路分别接上同一任意的电阻负载，若负载电流在实验误差范围内一致，则也实验验证了戴维南定理。

（3）在自行设计实验方案的过程中，常常要运用电路分析计算方法，事先估算自己设计的各实验电路在各种实验条件下的各支路电流多大，是否超过仪器设备的额定值，并为选择仪表量限提供依据。

（4）复习有关仪器设备的使用方法。

（5）由于是验证性的实验，应尽量减小实验误差。除选择准确度尽可能高的仪表外，设计实验电路时应注意合理选择其结构和电路参数，力求待测的电压、电流超过所选仪表的一半量限。

（6）这次自拟实验方案并独立完成实验，是直流电路部分一次综合运用实验技能和有关理论知识的训练，学生可适当选读电路理论、电工测量和电工实验等方面的参考书，开阔视野，扩大知识面，力求圆满地完成实验任务。

五、思考与练习

1 等效电源是对哪一部分电路等效？你能给出一个等效电路吗？

2 是否可以利用本实验测试的数据得到等效电流源的电路模型？

任务七　电压表和电流表量限的扩大

一、学习目标

（1）粗略模拟电流表和电压表的校验。

（2）学习测量微安表内阻。

（3）加深对磁电系电流表和电压表扩大量限的认识。

二、任务描述

磁电系电流表（简称表头）一般只能通过微小的电流，往往不能满足实际工作的需要。只要通过简单改装，就可将其做成多用途、多量程的电流表或电压表，适合各种场合使用。本任务主要是将一定内阻的微安表，通过串联、并联一定的外电阻改装成一定量限的电压表和电流表，然后对改装后的电压表、电流表进行校验，使其准确度达到标准表的等级。

三、相关知识

（一）微安表改装电流表

由于微安表只能通过约 50 mA 的电流，为了将其改装为电流表以测量较大的电流，可用一个电阻与动圈并联，使大部分电流从并联电阻中分流，而动圈只流过允许的电流。这个电阻叫作分流电阻，用 R_S 表示，如图 3-24 所示，图中标尺表示测量机构，r_0 为测量机构的内阻。并联分流电阻后，通过测量机构的电流 I_1 可由分流公式求得，即

$$I_1 = \frac{R_S}{r_0 + R_S} I$$

可见，通过测量机构的电流与被测电流成正比。因而仪表的标尺可以用被测电流来刻度。

被测电流 I 与通过测量机构的电流 I' 之比称为电流量限扩大倍数，用 n 来表示，即

$$n = \frac{I}{I'} = \frac{R_S + r_0}{R_S} = 1 + \frac{r_0}{R_S}$$

如果电流量限扩大倍数 n 为已知，则分流电阻为

$$R_S = \frac{r_0}{n - 1}$$

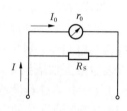

图 3-24

【例 3-1】 一磁电系测量机构，其满偏电流 I_0 为 200 μA，内阻 r_0 为 300 Ω，若将量限扩大为 1 A，求分流电阻。

解：先求电流限量扩大倍数，即

$$n = \frac{I}{I_0} = \frac{1}{200 \times 10^{-6}} = 5\ 000$$

则分流电阻

$$R_S = \frac{r_0}{n - 1} = \frac{300}{5\ 000 - 1} = 0.06(\Omega)$$

当电流表需测量 50 A 以上的大电流时，为保证热稳定，不致因过热而改变测量电路各并联支路的阻值，应使分流器有足够大的散热面积。一般因尺寸较大，做成单独的外附分流器。

（二）微安表改装电压表

微安表的两端接于被测电压 U 时，测量机构中的电流 $I = U/R_0$，它与被测电压成正比，所以微安表的偏转可以用来指示电压。但微安表的允许电流很小，因而直接作为电压表使用只能测量很小的电压，一般只有几十毫伏。为测量较高的电压，通常用一个大电阻与测量机构串联，以分走大部分电压，而使测量机构只承受很少一部分电压，这个电阻叫

附加电阻,用 R_d 表示。如图 3-25 所示,串联附加
电阻后测量机构的电流为

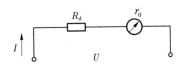

图 3-25

$$I = \frac{U}{r_0 + R_d}$$

它与被测电压 U 成正比,所以指针偏转可以
反映被测电压的大小。若使标尺按扩大量限后的
电压刻度,便可直接读取被测电压值。

电压表的量限扩大为 U,它与被测量机构的满偏电压 U_0 之比称为电压量限扩大倍
数,用 m 表示,即

$$m = \frac{U}{U_0} = \frac{r_0 + R_d}{r_0}$$

若 m 已给定,则可求出附加电阻 R_d,即

$$R_d = (m - 1)r_0$$

【例3-2】　有一磁电系测量机构,其满偏电流 $I_0 = 200\ \text{mA}$,内阻 $R_0 = 500\ \Omega$,今要制成
100 V 的电压表,求附加电阻 R_d。

解:先求测量机构的满偏电压,即

$$U_0 = I_0 r_0 = 200 \times 10^{-6} \times 50 = 0.1(\text{V})$$

则电压量限扩大倍数为

$$m = \frac{U}{U_0} = \frac{100}{0.1} = 1\ 000$$

$$R_d = (m - 1)r_0 = (1\ 000 - 1) \times 500 = 499.5(\text{k}\Omega)$$

电压表也可制成多量限,只要串联几个附加电阻即可。如图 3-26 所示为三量限电压
表。

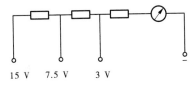

15 V　　7.5 V　　3 V

图 3-26

四、任务实施

(一)仪器设备

(1)微安表 C21 – μA 型　　　　　　　　　　　　　　　　　　　　　　1 只

(2)直流单臂电桥 QJ23 型　　　　　　　　　　　　　　　　　　　　　1 台

(3)转臂式电阻箱 FMB2 –01 型(0 ~9 999.9 Ω,0.2 级)　　　　　　　1 只

(4)滑线电阻 J2354 –2(0 ~200 Ω,1.5 A)　　　　　　　　　　　　　1 只

(5)直流毫安表 C43 型(100 mA/200 mA,0.5 级)　　　　　　　　　　1 只

（6）直流电压表 C43 型（1.5 V/3.0 V/7.5 V，0.5 级）　　　　　1 只
（7）1.5 V 干电池　　　　　2 节
（8）单刀单掷开关　　　　　1 只
（9）单刀双掷开关　　　　　1 只

（二）测量微安表的内阻 R_g

选择实验原理说明中所讨论的任何一种测量微安表头内阻的方法，实际测量实验所用到的微安表头的内阻。有条件时，还可以多用 n 种方法测量微安表内阻，并分析比较几种方法所得结果中哪个误差较小。

本项实验的数据表格由读者自己设计。

（三）并联分流电阻扩大电流表的量限

（1）计算出要将微安表头量限扩大到标准毫安表量限的量限扩大倍数 n，以及所需分流电阻，即

$$R_S = \frac{R_g}{n-1}$$

（2）选电阻箱电阻值等于计算出的 R_S 值，然后与微安表头并联，构成扩大量限的电流表（下一步骤的被校表）。

（3）按图 3-27 所示原理电路接线。其中，U_S 为直流稳压电源，用滑线电阻组成分压器电路，毫安表为标准表。然后按原理说明中提到的校验要求，用比较法校验被校电流表。

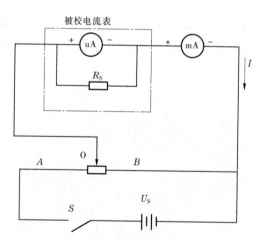

图 3-27　并联分流电阻扩大电流表量限的原理图

按规程规定，标准电流表的准确度应在 0.2 级以上，对仪表正常工作条件等也有规定。限于电工实验室的条件，可暂且在现有条件下，利用准确度尽可能高的仪表模拟标准表。将实验数据记录在表 3-17 中。在校验仪表时，各仪表的指示值应估读两位欠准数字，经计算整理后的数据仍然只取一位欠准数字。

表 3-17　实验数据(一)

$R_g =$ 　 Ω	$n =$		$R_S = \dfrac{R_g}{n-1} =$ 　 Ω				
测量数据	被校表指示值 $I_x = nI_g$						
	上升时标准表指示值 I'_0						
	下降时标准表指示值 I''_0						
计算值	$I_0 = \dfrac{I'_0 + I''_0}{2}$						
	绝对误差 Δ						

(四)串联分压电阻扩大电压表量限

(1)计算微安表头的满偏电压 U_{gm},等于满偏电流 I_{gm} 乘以表头内阻 R_g,则该微安表头本身就是量限为 U_{gm} 的电压表。

(2)计算将量限为 U_{gm} 的表头扩大到标准电压表量限(或接近标准电压表量限)的量限扩大倍数 m,以及所需的分压电阻 $R_d = (m-1)R_g$。

(3)选取电阻箱电阻等于 R_d,然后与表头 R_g 串联组成扩大量限后的电压表(步骤(5)的被校表)。

(4)按图 3-28 所示原理电路接线,其中电压表为标准电压表,电源和分压器的组成仍和图 3-27 所示一样。

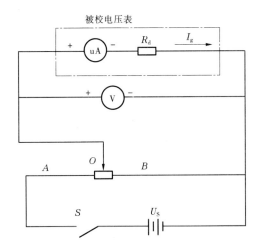

图 3-28　串联分压电阻扩大电压表量限的原理电路

(5)用比较法校验被校表,将实验数据记入表 3-18 中。

表 3-18　实验数据(二)

$R_d =$ 　Ω	$m =$		$R_d = (m-1)R_g =$ 　Ω						
测量数据	被校表指示值 $U_x = mU_g$								
	上升时标准表指示值 U'_0								
	下降时标准表指示值 U''_0								
计算值	$U_0 = \dfrac{U'_0 + U''_0}{2}$								
	绝对误差 Δ								

五、思考与练习

1　校验仪表之前,滑线电阻的滑动触头为什么应预置在分压器输出电压最小处?

2　实验报告要求:

(1)完成数据表格的计算,然后确定被校表的准确度(暂且将实验室工作条件看作规定的正常工作条件)。

(2)总结测量电压表、电流表内阻的方法。

项目四　正弦单相交流基本实验及常用测量仪器

任务一　正弦电路认识实验

一、学习目标

(1)学会使用各种电磁系仪表。

(2)熟练使用万用表。

(3)熟悉实验室电源配置情况。

二、任务描述

本任务包括了正弦交流串联电路和并联电路的基本实验,主要让学生学习使用交流电压表和电流表,学习使用单相调压器和试电笔,理论联系实际,解决实际操作过程中出现的各种问题。

三、相关知识

(一)电磁系仪表

1.电磁系仪表的测量机构

电磁系仪表的测量机构(见图4-1)分为排斥式和吸入式两种,其动作原理都是利用磁化后的铁片被吸入或排斥的作用而产生转动力矩。其中,固定铁片固定在固定线圈的内壁上。可动部分包括固定在转轴上的可动铁片、游丝、指针、阻尼片等。

当电流通过固定线圈时,电流的磁场使固定铁片和可动铁片同时磁化,且两铁片的同侧是同极性,因而相互排斥,使可动铁片带动可动部分(包括指针)一起转动,从而指示出被测电流的量值。当固定线圈里的电流方向改变时,两铁片的磁化方向也同时改变,两铁片之间仍然是相互排斥的。可见,测量机构的可动部分的转动方向与固定线圈中电流方向无关。因此,电磁系仪表的测量机构既可测交流,也可测直流。

2.电磁系仪表的测量机构的工作原理

电磁系仪表的测量机构的工作原理都是基于利用载流回路(线圈)的电磁能量。当电流流过线圈时,其磁场能量与电流的平方成正比,而当铁片未饱和时,两铁片间的斥力大小也和线圈内磁场成正比,所以可动部分的瞬时转动力矩与线圈内的瞬时电流的平方成正比,若通入直流电,则仪表的转动力矩为

$$T = K_1 I_1 I_2 \tag{4-1}$$

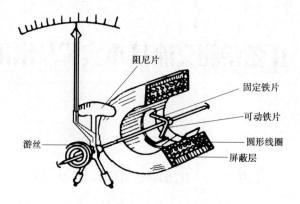

图 4-1 电磁系仪表测量机构的结构图

与磁电式仪表相同,旋转弹簧产生的反作用力力矩也与指针的偏转角成正比,即

$$T_f = K_f \alpha \qquad (4-2)$$

式中 K_f——反作用力矩的系数,它与偏转角有关,与线图的位置有关,当结构一定时可认为是一个常量。

当转动力矩与反力矩平衡时,指针停止偏转,即

$$\alpha = \frac{K_1}{K_f} I^2 = K I^2 \qquad (4-3)$$

式中 K——驱动力矩系数,与线圈和铁片的材料、形状、大小及它们相互之间的位置有关。

若通交流电,仪表内仍然可以产生相互排斥的作用力,因为当电流方向改变时,可动铁片和固定铁片的磁化方向也随之改变,由它们产生的转动力矩的瞬时值仍然与电流瞬时值的平方成正比,又因为转动力矩与电流的平方成正比,所以电流方向改变时,转动力矩的方向不变。习惯上用平均力矩来衡量仪表的偏转,则平均力矩为

$$T = \frac{1}{T} \int_0^T K_1 i^2 \mathrm{d}t = K_1' I^2 \qquad (4-4)$$

式中 I——交流电的有效值;

K_1、K_1'——常数。

可以推导得出,仪表的偏转角仍然与电流的平方成正比,只是该电流指的是交流电的有效值。换句话说,电磁系仪表测交流量时,仪表的指示值为交流量的有效值。

3. 阻尼器的作用

由于转动力矩与电流的平方成正比,所以电磁系仪表的刻度不均匀。电磁系仪表的阻尼装置采用的是空气阻尼器。阻尼片固定在转轴上,并且放在一个密闭的小室中,当仪表的转轴转动时,阻尼片随之移动,使阻尼片两侧的空气压力不同而产生一个阻碍可动部分转动的力矩,该力矩就是阻尼力矩,其作用与磁电系仪表的阻尼力矩相同,使得指针迅速稳定。

4. 电磁系仪表的特点

电磁系仪表的优点是结构简单,价格便宜,过载能力较大,能用来测量直流、正弦和非

正弦交流电量,不需辅助设备,可直接测量大电流;缺点是刻度不均匀,准确度和灵敏度不高,耗能较大,由于其本身磁场是由被测电流产生的,所以防电磁干扰能力较差。一般用电磁系仪表来测量交流电压和电流。

(二)电磁系电流表与电压表

电磁系测量机构可以直接做成电流表,将固定线圈直接串联在被测电路中,常用来测量交流电流。通常用固定线圈分段串联或并联的方法,以改变电流表的量程,如图4-2所示。

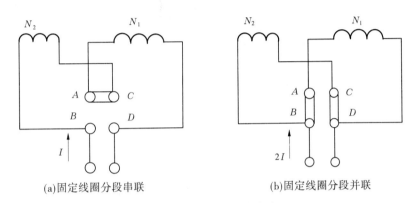

(a)固定线圈分段串联　　　　　(b)固定线圈分段并联

图4-2　固定线圈连接方法

电流线圈可以用粗导线绕成,所以过载能力较强。

电磁系电压表用固定线圈串联"分压电阻"的方法制成。配置不同的"分压电阻",就可构成多量程的电压表。

四、任务实施

(一)仪器及设备

(1)单相调压器 TSGC2-1 型	1台
(2)交流电流表 T21 型(0~2.5 A,0.5 级)	1只
(3)交流电压表 T21-V(300 V/600 V,0.5 级)	1只
(4)灯箱	1个
(5)万用表 DT-992288B 型	1只
(6)可变电容箱 FMBe(0~22 μF)	1个
(7)试电笔	1支
(8)空心线圈	1个

(二)了解实验室工频电源的配置

(1)认真听取指导教师介绍电工实验室工频电源的配置之后,用试电笔测量配电板上的各接线柱和插座各插孔,判别火线和地线。

(2)将万用表的有关转换开关都放置于测量交流电压的挡位上,然后用它测量配电板各接线柱之间的电压以及各插座插孔间的电压,并将实验数据记入表4-1中。

表4-1　实验数据(一)

被测电压	插座插孔之间				接线柱之间					
	U_{12}	U_{34}	U_{56}	U_{78}	U_{L_1N}	U_{L_2N}	U_{L_3N}	$U_{L_1L_2}$	$U_{L_2L_3}$	$U_{L_3L_1}$
测量数据										

在不知被测电压大小的情形下,要先从最大量限开始试测,若仪表指示小于一半量限,应考虑更换量限。读数时,要找准对应交流电压的刻度线,正确读取仪表指示值。实验中,不准用手触摸电路中导体的裸露部分。

(三)初步认识单相调压器

按图4-3接线,经同组同学之间互查接线后接通电源。由零开始逐步调高调压器的输出电压值,观察接至调压器输出端 a 的试电笔氖泡何时开始发光。将试电笔氖泡开始发光的电压 U_{1i} 以及调压器最大输出电压的有效值 U_{max} 记录在表4-2中。

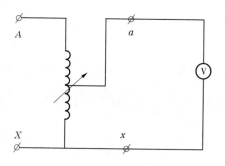

图4-3　原理电路标线(一)

表4-2　实验数据(二)

被测电压	U_{1i}	U_{max}
电压表指示值		

图4-3所示接线中,电压表宜先用150 V量限,然后根据调压器的输出电压大小适时更换量限。

(四)同频率正弦量的加减

(1)按图4-4所示原理电路接线,其中,R 取 0 ~ 120 Ω 滑线电阻的全部电阻,C 取 16 μF,电流表用 1 A 量限。

经同学互查及指导教师复查确认接线无误后,接通电源,将带有测试棒的交流电压表并联在调压器的两个输出端钮上,调整调压器的输出电压 U 为 150 V 并不再改动,测量 U_R、U_C 和 I 并记录在表4-3中。

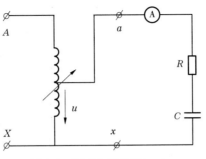

图 4-4　原理电路接线(二)

表 4-3　实验数据(三)

U	U_R	U_C	I

(2)根据图 4-5 所示原理电路接线, R 和 C 的取值仍和步骤(1)相同, 电压表用 150 V 的量限, 电流表用 1 A 的量限。

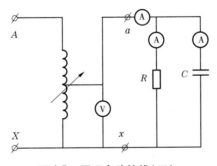

图 4-5　原理电路接线(三)

调节调压器的输出电压为 100 V, 测量 $U_{\max}$、I、I_R 和 I_C, 并记入表 4-4 中。

表 4-4　实验数据(四)

$U_{\max}$	I	I_R	I_C

五、思考与练习

1　解释图 4-2 电路中, 为什么 $U \neq U_R + U_C$?

2　写实验报告。实验报告要求:

(1)已知图 4-4 所示 RC 串联电路中, u_C 比 u_R 滞后 90°, 试根据表 4-3 的实验数据按一定比例尺画出各电压的相量图。

(2)已知图 4-5 所示 RC 并联电路中, i_C 比 i_R 超前 90°, 试根据表 4-4 的实验数据按一定比例尺画出各电流的相量图。

任务二 R、L、C 的频率特性

一、学习目标

（1）练习使用低频信号发生器和晶体管电压表。

（2）测量 R、L、C 的频率特性。

二、任务描述

本任务主要让学生学习使用低频信号发生器和晶体管电压表，测量电阻、电感、电容的频率特性，理论联系实际，解决实际操作过程中出现的各种问题。

三、相关知识

交流电路中，感抗和容抗都与频率有关，当电源电压（激励）的频率改变时，即使电压的幅值不变，电路中各部分电流和电压（响应）的大小和相位也会随着改变。响应与频率的关系称为电路的频率特性或频率响应。

（一）网络函数

在线性正弦稳态网络（见图 4-6）中，当只有一个独立激励源作用时，网络中某一处的响应（电压或电流）与网络输入之比，称为该响应的网络函数。

图 4-6　线性正弦稳态网络

$H(j\omega)$ 与网络的结构、参数值有关，与输入、输出变量的类型有关，与输入、输出幅值无关。因此，网络函数是网络性质的一种体现。$H(j\omega)$ 是一个复数，它的频率特性分为两个部分，即幅频特性：

模与频率的关系：$|H(j\omega)| \sim \omega$；

幅角与频率的关系：$\varphi(j\omega) \sim \omega$。

网络函数可以用相量法中任一分析求解方法获得。

（二）电阻元件的电压、电流和频率之间的关系

电阻的电压、电流的瞬时值之间的关系服从欧姆定律。设：加在电阻 R 上的正弦交流电压瞬时值为 $u = U_m \sin(\omega t)$，则通过该电阻的电流瞬时值为

$$i = \frac{u}{R} = \frac{U_m}{R}\sin(\omega t) = I_m \sin(\omega t) \tag{4-5}$$

其中，$I_m = \dfrac{U_m}{R}$。

由于纯电阻电路中正弦交流电压和电流的振幅值之间满足欧姆定律，因此把等式两边同时除以 $\sqrt{2}$，即得到有效值关系，即

$$I = \frac{U}{R} \qquad 或 \qquad U = RI \tag{4-6}$$

(三)电感元件的电压、电流和频率之间的关系

1.感抗 X_L

感抗表示线圈对通过的交流电所呈现的阻碍作用,作用与 R 相似,但它与电阻对电流的阻碍作用有本质的区别。

实践证明:感抗的大小与电源的频率成正比,与线圈的电感成反比,单位为欧姆。

$$X_L = 2\pi f L = WL \tag{4-7}$$

由上式可知,当频率越高时,X_L 越大,线圈中产生的自感电动势就越大,对电路中的电流所呈现的阻碍作用也就越大。对直流电,$f=0$,$X_L=0$,视为短路。

2.电压和电流的数量关系

$$I = \frac{U}{X_L} I_m = \frac{U_m}{X_L}, \dot{U} = j\omega L \dot{I} = jX_L \dot{I} \tag{4-8}$$

(四)电感元件的电压、电流和频率之间的关系

1.容抗

X_C 叫容抗,表示电容器对电路中的交流电流所呈现的阻碍作用,单位为欧姆。

$$X_C = \frac{1}{\omega C} = \frac{1}{2\pi f C} \tag{4-9}$$

理论和实践证明,容抗的大小与电源频率成反比,与电容器的电容成反比。所以,当频率一定时,在同样大小的电压作用下,电容越大的电容所储存的电荷量就越多,电路中的电流也就越大,电容器对电流的阻碍作用也就越小。当外加电压和电容一定时,电源频率越高,电容器充放电的速度快,电荷移动速度也越快,则电路中电流也越大,电容器对电流的阻碍作用也越小。对于直流电 $F=0$,趋于无穷大,可视为断路。

2.电压、电流的关系

电压与电流的关系为:

$$\dot{I} = j\omega C \dot{U}, U = IX_C = I\frac{1}{WC} \tag{4-10}$$

四、任务实施

(一)仪器及设备

(1)低频信号发生器	1台
(2)晶体管毫伏表(DA-16型)	1只
(3)滑线电阻(0~120 Ω,2.5 A)	1只
(4)电容器(4 μF,1 000 V)	1只
(5)空心线圈($L\approx0.5$ H,$r\approx25$ Ω)	1只
(6)电阻箱(0~9 999 Ω,0.2级)	1只
(7)单刀双掷开关	1只
(8)单刀单掷开关	1只

(二)实验材料

导线若干。

（三）实验内容及方法

（1）按图4-7所示原理接线。图4-7中 R 为 $0 \sim 120\ \Omega$ 滑线电阻的全部电阻，R_0 为电阻箱取 $1\ \Omega$ 阻值，C 用 $4\ \mu F$ 电容器。

先将低频信号发生器中调节输出电压大小的旋钮置于最低挡位，然后接通工作电源，预热 $10\ \min$。

将晶体管毫伏表的两个测量电压的外端钮短接，然后接通工作电源，预热数分钟。

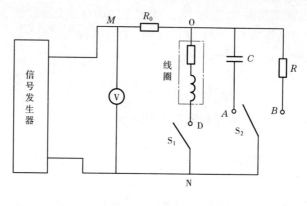

图4-7

（2）测量电阻的频率特性。

开关 S_2 合向 B 处，S_1 断开。调节信号发生器输出正弦电压的频率分别为 $20\ Hz$、$40\ Hz$、$60\ Hz$、$80\ Hz$、$100\ Hz$、$120\ Hz$、$140\ Hz$，并维持输出电压的有效值为 $3.0\ V$ 不变，测量各种情形下 U_{BO}、U_{MO}。将实验数据记入表4-5中。

表4-5　实验数据（一）

频率的指定值（Hz）		20	40	60	80	100	120	140
测量数据	$U_{BO}（V）$							
	$U_{MO}（mV）$							
计算值	$I_R = \dfrac{U_{MO}}{R_0}（mA）$							
	$R = \dfrac{U_{BO}}{I_R}（\Omega）$							

按要求完成表4-5中的计算。各种情形下的 $\dfrac{U_{BO}}{I_R}$ 值应在实验误差范围内。

（3）测量电容的频率特性。

开关 S_2 改合向 A 处，S_1 仍然断开。调节信号发生器输出电压的频率分别为 $40\ Hz$、$80\ Hz$、$120\ Hz$、$160\ Hz$、$200\ Hz$、$240\ Hz$、$280\ Hz$，并维持输出电压的有效值为 $3.0\ V$ 不变，测量各种情形下 U_{AO}、U_{MO}。将实验数据记入表4-6中。

表4-6　实验数据(二)

频率的指定值(Hz)		40	80	120	160	200	240	280
测量数据	U_{AO}(V)							
	U_{MO}(mV)							
计算值	$I_C = \dfrac{U_{MO}}{R_0}$(mA)							
	$X_C = \dfrac{U_{BO}}{I_C}$(Ω)							

按要求完成表4-6中的计算。各种情形下的 $\dfrac{U_{AO}}{I_C}$ 值应与实验误差范围一致。

开关 S_2 断开,开关 S_1 合上。调节信号发生器输出正弦电压的频率分别为 100 Hz、200 Hz、300 Hz、400 Hz、500 Hz、600 Hz、700 Hz,并维持输出电压的有效值为 3.0 V 不变,测量各种情形下 U_{DO}、U_{MO}。将实验数据记入表4-7中。

表4-7　实验数据(三)

频率的指定值(Hz)		100	200	300	400	500	600	700
测量数据	U_{DO}(V)							
	U_{MO}(mV)							
计算值	$I_L = \dfrac{U_{MO}}{R_0}$(mA)							
	$X_L = \dfrac{U_{BO}}{I_L}$(Ω)							

按要求完成表4-7中的计算。各种情形下 $\dfrac{U_{DO}}{I_L}$ 的值应在实验误差范围内。

五、思考与练习

1　为什么在使用晶体管电压表时,每更换一次量限都应进行电气调零?

2　实验报告要求:

(1)根据表4-5~表4-7的数据,分别做出 $R(f)$、$X_C(f)$、$X_L(f)$ 等频率特性曲线。

(2)分析任意一个 $\dfrac{U_{BO}}{I_R}$ 间接测量结果的误差,仪表的附加误差和测量方法误差均忽略不计。

(3)针对此次实验所用的信号发生器压,要输出频率为 1.7 kHz、有效值为 0.3 V 的正弦电压,该如何操作,写出其程序。

(4)分析要测以下电压,应选 0.5 级、150 V 量限、内阻抗足够大的电磁系电压表还是晶体管电压表:

50 Hz、有效值约 100 V 的正弦电压；

50 kHz、有效值约 100 V 的正弦电压；

50 Hz、有效值约 2.0 V 的正弦电压。

任务三　*RLC* 串联谐振

一、学习目标

（1）学习使用电动系单相功率因数表。

（2）观察电路当电容箱电容量 *C* 不同时，可分别呈感性、容性和电阻性（谐振）。

（3）加深对串联谐振主要特点的理解。

二、任务描述

本任务主要让学生学习使用电动系单相功率因数表，理解调电容使电路对外分别呈感性、容性和电阻性，掌握串联谐振电路的特点。理论联系实际，解决实际操作过程中出现的各种问题。

三、相关知识

（一）*RLC* 串联电路的电压关系

由电阻、电感、电容相串联构成的电路叫作 *RLC* 串联电路。

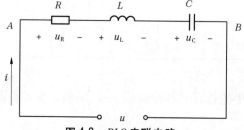

图 4-8　*RLC* 串联电路

设电路中电流 $i = I_m\sin(\omega t)$，则根据 R、L、C 的基本特性可得各元件的两端电压：
$$u_R = RI_m\sin(\omega t), u_L = X_LI_m\sin(\omega t + 90°), u_C = X_CI_m\sin(\omega t - 90°)$$
根据基尔霍夫电压定律（KVL），在任一时刻总电压 u 的瞬时值为
$$u = u_R + u_L + u_C$$
作出相量图，如图 4-9 所示，并得到各电压之间的大小关系为
$$U = \sqrt{U_R^2 + (U_L - U_C)^2}$$
上式又称为电压三角形关系式。

（二）*RLC* 串联电路的阻抗和复阻抗

1. 阻抗

由于 $U_R = RI, U_L = X_LI, U_C = X_CI$，可得

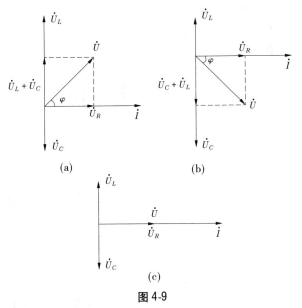

图 4-9

$$U = \sqrt{U_R^2 + (U_L - U_C)^2} = I\sqrt{R^2 + (X_L - X_C)^2} \tag{4-11}$$

令

$$|Z| = \frac{U}{I} = \sqrt{R^2 + (X_L - X_C)^2} = \sqrt{R^2 + X^2} \tag{4-12}$$

上式称为阻抗三角形关系式，$|Z|$ 叫作 RLC 串联电路的阻抗，其中 $X = X_L - X_C$ 叫作电抗。阻抗和电抗的单位均是欧姆（Ω）。阻抗三角形的关系如图 4-10 所示。

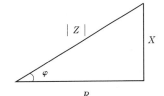

图 4-10　RLC 串联电路的阻抗三角形

由相量图可以看出总电压与电流的相位差为

$$\varphi = \arctan\frac{U_L - U_C}{U_R} = \arctan\frac{X_L - X_C}{R} = \arctan\frac{X}{R} \tag{4-13}$$

式(4-13)中 φ 叫作阻抗角。

2. 复阻抗

$$Z = \frac{\dot{U}}{\dot{I}} = \frac{U\angle\theta_u}{I\angle\theta_i} = \frac{U}{I}\angle(\theta_u - \theta_i) = |Z|\angle\varphi \tag{4-14}$$

$$Z = Z_R + Z_L + Z_C = R + j(X_L - X_C) = R + jX \tag{4-15}$$

（三）RLC 串联电路的性质

根据总电压与电流的相位差（阻抗角为正、为负、为零三种情况），将电路分为三种性质。

（1）感性电路：当 $X > 0$ 时，即 $X_L > X_C$，$\theta > 0$，电压 u 比电流 i 超前，称电路呈感性。

（2）容性电路：当 $X < 0$ 时，即 $X_L < X_C$，$\theta < 0$，电压 u 比电流 i 滞后，称电路呈容性。

（3）谐振电路：当 $X = 0$ 时，即 $X_L = X_C$，$\theta = 0$，电压 u 与电流 i 同相，称电路呈电阻性，

电路处于这种状态时,叫作谐振状态。

四、任务实施

（一）仪器及设备

(1)单相调压器 TSGC2 – 1 型(1 kVA,0 ~ 250 V)	1 台
(2)滑线电阻 BX8 – 12 型(0 ~ 215 Ω,2 A)	1 只
(3)空心线圈	1 只
(4)可变电容箱 FMBe 型(0 ~ 22 μF)	1 台
(5)单相功率因数表 D26 – cosφ 型	1 只
(6)交流电流表 T21 型(0 ~ 2.5 A,0.5 级)	1 只
(7)交流电压表 T21 – V 型(300 V/600 V,0.5 级)	1 只
(8)万用表 DT – 992288B 型	1 只

（二）实验材料

导线若干。

（三）实验内容及方法

(1)按图 4-11 所示原理电路接线。图中 R 用滑线电阻的全部电阻,C 为电容箱并预先投一个电容器,电流表用 1 A 量限,电压表用 150 V 量限,单相功率因数表的电流线圈的量限与电流表的量限相同,其电压线圈的量限与电压表的量限相同或接近。

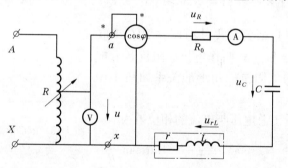

图 4-11

接线时,注意按"先主后辅、先串后并"的接线原则,从调压器的输出端 A 出发,依次串联功率因数表的电流线圈、电阻 R、电流表、电容箱 C、空心线圈,回到 X 端,然后分别将功率因数表的电压线圈以及电压表并联在电路上。

本次实验用到的仪器设备较多,布局应力求整齐,方便读数。同时,注意选用连接导线的长短和颜色。

(2)实验接线经认真自查后接通电源,将调压器输出电压的有效值调至 100.00 V。使用万用表合适的交流电压挡,测量 U_R、U_C 和 U_{rL}。电压表、电流表、功率因数表以及万用表交流电压挡的指示值记入表 4-8 中。

表 4-8 实验数据

测量项目	顺序									
	1	2	3	4	5	6	7	8	9	10
$U(\text{V})$										
$U_R(\text{V})$										
$U_C(\text{V})$										
$U_{rL}(\text{V})$										
$I(\text{A})$										
$\lambda = \cos\varphi$										

(3)逐步增大电容箱的电容量,测量各种情况下的 U、U_R、U_C、U_{rL}、I 和 $\lambda = \cos\varphi$,数据记入表 4-8 中。

(4)根据 RLC 串联谐振的主要特点,校核表 4-8 中的数据是否合理。

(四)注意事项

(1)若单相功率因数表是首次使用,要注意正确接线。

(2)调压器输出电压的有效值在整个实验过程中应维持不变。

(3)若改变电路参数,应防止过电压造成的危害。

五、思考与练习

1 预先估算空心线圈的工频感抗,以及电容 C 为多少微法时其工频容抗等于线圈的感抗。

2 根据表 4-8 的实验数据,分别做出电路呈感性、容性和谐振(或最接近谐振)三种情况的电流、电压相量图各一幅。

3 根据表 4-8 的实验数据,作 $I = f(C)$ 曲线。

任务四 用电子示波器观测信号波形

一、学习目标

(1)初步认识电子示波器面板旋钮的功用。

(2)练习用电子示波器观测信号波形。

(3)进一步熟悉信号发生器的使用。

二、任务描述

本任务主要让学生初步认识电子示波器,练习电子示波器的正确使用方法。用示波器观测信号波形,掌握各种波形的特点。

三、相关知识

在电路实验中,需要使用若干仪器、仪表观察实验现象和结果。常用的电子测量仪器有万用表、逻辑笔、普通示波器、存储示波器、逻辑分析仪等。万用表和逻辑笔使用方法比较简单,而逻辑分析仪和存储示波器目前在数字电路教学实验中应用还不十分普遍。示波器是一种使用非常广泛,且使用相对复杂的仪器。

(一)示波器的结构与工作原理

示波器是利用电子示波管的特性,将人眼无法直接观测的交变电信号转换成图像,显示在荧光屏上以便测量的电子测量仪器。它是观察数字电路实验现象、分析实验中的问题、测量实验结果必不可少的重要仪器。示波器由示波管和电源系统、同步系统、X轴偏转系统、Y轴偏转系统、延迟扫描系统、标准信号源组成,如图4-12所示。

图4-12 示波器实物

1. 结构

1)示波管

阴极射线管(CRT)简称示波管,是示波器的核心。它将电信号转换为光信号。电子枪、偏转系统和荧光屏三部分密封在一个真空玻璃壳内,构成了一个完整的示波管。

2)荧光屏

现在的示波管屏面通常是矩形平面,内表面沉积一层磷光材料构成荧光膜。在荧光膜上常又增加一层蒸发铝膜。高速电子穿过铝膜,撞击荧光粉而发光形成亮点。铝膜具有内反射作用,有利于提高亮点的辉度。铝膜还有散热等其他作用。当电子停止轰击后,亮点不能立即消失而要保留一段时间。亮点辉度下降到原始值的10%所经过的时间叫作余辉时间。余辉时间短于 $10~\mu s$ 为极短余辉,$10~\mu s \sim 1~ms$ 为短余辉,$1~ms \sim 0.1~s$ 为中余辉,$0.1 \sim 1~s$ 为长余辉,大于 $1~s$ 为极长余辉。一般的示波器配备中余辉示波管,高频示波器选用短余辉,低频示波器选用长余辉。由于所用磷光材料不同,荧光屏上能发出不同颜色的光。一般示波器多采用发绿光的示波管,以保护人的眼睛。

3)电子枪及聚焦

电子枪由灯丝(F)、阴极(K)、栅极(G1)、前加速极(G2)(或称第二栅极)、第一阳极(A1)和第二阳极(A2)组成。它的作用是发射电子并形成很细的高速电子束。灯丝通电加热阴极,阴极受热发射电子。栅极是一个顶部有小孔的金属圆筒,套在阴极外面。由于栅极电位比阴极低,对阴极发射的电子起控制作用,一般只有运动初速度大的少量电子,在阳极电压的作用下能穿过栅极小孔,奔向荧光屏。初速度小的电子仍返回阴极。如果栅极电位过低,则全部电子返回阴极,即管子截止。调节电路中的 W1 电位器,可以改变栅极电位,控制射向荧光屏的电子流密度,从而达到调节亮点的辉度。第一阳极、第二阳极和前加速极都是与阴极在同一条轴线上的三个金属圆筒。前加速极 G2 与 A2 相连,所加电位比 A1 高。G2 的正电位对阴极电子奔向荧光屏起加速作用。

电子束从阴极奔向荧光屏的过程中,经过两次聚焦过程。第一次聚焦由 K、G1、G2 完成(K、G1、G2 叫作示波管的第一电子透镜)。第二次聚焦发生在 G2、A1、A2 区域,调节第二阳极 A2 的电位,能使电子束正好会聚于荧光屏上的一点,这是第二次聚焦。A1 上的电压叫作聚焦电压,A1 又被叫作聚焦极。有时调节 A1 电压仍不能满足良好聚焦,需微调第二阳极 A2 的电压,A2 又叫作辅助聚焦极。

4) 偏转系统

偏转系统控制电子射线方向,使荧光屏上的光点随外加信号的变化描绘出被测信号的波形。Y1、Y2 和 X1、X2 两对互相垂直的偏转板组成偏转系统。Y 轴偏转板在前,X 轴偏转板在后,因此 Y 轴灵敏度高(被测信号经处理后加到 Y 轴)。两对偏转板分别加上电压,使两对偏转板间各自形成电场,分别控制电子束在垂直方向和水平方向偏转。

5) 示波管的电源

为使示波管正常工作,对电源供给有一定要求。规定第二阳极与偏转板之间电位相近,偏转板的平均电位为零或接近零。阴极必须工作在负电位上。栅极 G1 相对阴极为负电位(-30 ~ -100 V),而且可调,以实现辉度调节。第一阳极为正电位(+100 ~ +600 V),也应可调,用作聚焦调节。第二阳极与前加速极相连,对阴极为正高压(约 +1 000 V),相对于地电位的可调范围为 ±50 V。由于示波管各电极电流很小,可以用公共高压经电阻分压器供电。

2. 工作原理

被测信号①接到"Y"输入端,经 Y 轴衰减器适当衰减后送至 Y1 放大器(前置放大),推送输出信号②和③。经延迟级延迟 t_1 时间,到 Y2 放大器。放大后产生足够大的信号④和⑤,加到示波管的 Y 轴偏转板上。为了在屏幕上显示出完整的稳定波形,将 Y 轴的被测信号③引入 X 轴系统的触发电路,在引入信号的正(或者负)极性的某一电平值产生触发脉冲⑥,启动锯齿波扫描电路(时基发生器),产生扫描电压⑦。由于从触发到启动扫描有一时间延迟 t_2,为保证 Y 轴信号到达荧光屏之前 X 轴开始扫描,Y 轴的延迟时间 t_1 应稍大于 X 轴的延迟时间 t_2。扫描电压⑦经 X 轴放大器放大,产生推挽输出⑨和⑩,加到示波管的 X 轴偏转板上。Z 轴系统用于放大扫描电压正程,并且变成正向矩形波,送到示波管栅极。这使得在扫描正程显示的波形有某一固定辉度,而在扫描回程进行抹迹。

以上是示波器的基本工作原理。双踪显示则是利用电子开关将 Y 轴输入的两个不同的被测信号分别显示在荧光屏上。由于人眼的视觉暂留作用,当转换频率高到一定程度后,看到的是两个稳定的、清晰的信号波形。示波器中往往有一个精确稳定的方波信号发生器,供校验示波器用。

（二）示波器使用

示波器种类、型号很多，功能也不同。数字电路实验中使用较多的是 20 MHz 或者 40 MHz 的双踪示波器。这些示波器用法大同小异。本节不针对某一型号的示波器，只是从概念上介绍示波器在数字电路实验中的常用功能。

1. 荧光屏

荧光屏是示波管的显示部分。屏上水平方向和垂直方向各有多条刻度线，指示出信号波形的电压和时间之间的关系。水平方向指示时间，垂直方向指示电压。水平方向分为 10 格，垂直方向分为 8 格，每格又分为 5 份。垂直方向标有 0%、10%、90%、100% 等标志，水平方向标有 10%、90% 标志，供测直流电平、交流信号幅度、延迟时间等参数使用。根据被测信号在屏幕上占的格数乘以适当的比例常数（V/DIV、TIME/DIV）能得出电压值与时间值。

2. 示波管和电源系统

（1）电源（power）。示波器主电源开关。当此开关按下时，电源指示灯亮，表示电源接通。

（2）辉度（intensity）。旋转此旋钮能改变光点和扫描线的亮度。观察低频信号时可小些，高频信号时可大些。一般不应太亮，以保护荧光屏。

（3）聚焦（focus）。聚焦旋钮调节电子束截面大小，将扫描线聚焦成最清晰状态。

（4）标尺亮度（illuminance）。此旋钮调节荧光屏后面的照明灯亮度。正常室内光线下，照明灯暗一些好。室内光线不足的环境中，可适当调亮照明灯。

3. 垂直偏转因数和水平偏转因数

1）垂直偏转因数选择（VOLTS/DIV）和微调

在单位输入信号作用下，光点在屏幕上偏移的距离称为偏移灵敏度，这一定义对 X 轴和 Y 轴都适用。灵敏度的倒数称为偏转因数。垂直灵敏度的单位是为 cm/V、cm/mV 或者 DIV/mV、DIV/V，垂直偏转因数的单位是 V/cm、mV/cm 或者 V/DIV、mV/DIV。实际上因习惯用法和测量电压读数的方便，有时也把偏转因数当作灵敏度。示波器中每个通道各有一个垂直偏转因数选择波段开关。一般按 1、2、5 方式从 5 mV/DIV 到 5 V/DIV 分为 10 挡。波段开关指示的值代表荧光屏上垂直方向一格的电压值。例如，波段开关置于 1 V/DIV 挡时，如果屏幕上信号光点移动一格，则代表输入信号电压变化 1 V。

每个波段开关上往往还有一个小旋钮，微调每挡垂直偏转因数。将它沿顺时针方向旋到底，处于"校准"位置，此时垂直偏转因数值与波段开关所指示的值一致。逆时针旋转此旋钮，能够微调垂直偏转因数。垂直偏转因数微调后，会造成与波段开关的指示值不一致，这点应引起注意。许多示波器具有垂直扩展功能，当微调旋钮被拉出时，垂直灵敏度扩大若干倍（偏转因数缩小若干倍）。例如，如果波段开关指示的偏转因数是 1 V/DIV，采用 ×5 扩展状态时，垂直偏转因数是 0.2 V/DIV。在进行数字电路实验时，在屏幕上被测信号的垂直移动距离与 +5 V 信号的垂直移动距离之比常被用于判断被测信号的电压值。

2）时基选择（TIME/DIV）和微调

时基选择和微调的使用方法与垂直偏转因数选择和微调类似。时基选择也通过一个波段开关实现,按 1、2、5 方式把时基分为若干挡。波段开关的指示值代表光点在水平方向移动一个格的时间值。例如在 1 μs/DIV 挡,光点在屏上移动一格代表时间值 1 μs。

"微调"旋钮用于时基校准和微调。沿顺时针方向旋到底处于校准位置时,屏幕上显示的时基值与波段开关所示的标称值一致。逆时针旋转旋钮,则对时基微调。旋钮拔出后处于扫描扩展状态。通常为 ×10 扩展,即水平灵敏度扩大 10 倍,时基缩小到 1/10。例如,在 2 μs/DIV 挡,扫描扩展状态下荧光屏上水平一格代表的时间值等于 2 μs × (1/10) = 0.2 μs。

TDS 实验台上有 10 MHz、1 MHz、500 kHz、100 kHz 的时钟信号,由石英晶体振荡器和分频器产生,准确度很高,可用来校准示波器的时基。

示波器的标准信号源 CAL,专门用于校准示波器的时基和垂直偏转因数。例如,COS5041 型示波器标准信号源提供一个 $V_{P-P} = 2$ V,$f = 1$ kHz 的方波信号。

示波器前面板上的位移(position)旋钮调节信号波形在荧光屏上的位置。旋转水平位移旋钮(标有水平双向箭头)左右移动信号波形,旋转垂直位移旋钮(标有垂直双向箭头)上下移动信号波形。

4. 输入通道和输入耦合选择

1)输入通道选择

输入通道至少有三种选择方式:通道 1(CH1)、通道 2(CH2)、双通道(DUAL)。选择通道 1 时,示波器仅显示通道 1 的信号。选择通道 2 时,示波器仅显示通道 2 的信号。选择双通道时,示波器同时显示通道 1 信号和通道 2 信号。测试信号时,首先要将示波器的"地"与被测电路的"地"连接在一起。根据输入通道的选择,将示波器探头插到相应通道插座上,示波器探头上的"地"与被测电路的地连接在一起,示波器探头接触被测点。示波器探头上有一双位开关。此开关拨到"× 1"位置时,被测信号无衰减送到示波器,从荧光屏上读出的电压值是信号的实际电压值。此开关拨到"×10"位置时,被测信号衰减为 1/10,然后送往示波器,从荧光屏上读出的电压值乘以 10 才是信号的实际电压值。

2)输入耦合方式

输入耦合方式有三种选择:交流(AC)、地(GND)、直流(DC)。当选择"地"时,扫描线显示出"示波器地"在荧光屏上的位置。直流耦合用于测定信号直流绝对值和观测极低频信号。交流耦合用于观测交流和含有直流成分的交流信号。在数字电路实验中,一般选择"直流"方式,以便观测信号的绝对电压值。

5. 触发

被测信号从 Y 轴输入后,一部分送到示波管的 Y 轴偏转板上,驱动光点在荧光屏上按比例沿垂直方向移动;另一部分分流到 X 轴偏转系统产生触发脉冲,触发扫描发生器,产生重复的锯齿波电压加到示波管的 X 偏转板上,使光点沿水平方向移动,两者合一,光点在荧光屏上描绘出的图形就是被测信号图形。由此可知,正确的触发方式直接影响到示波器的有效操作。为了在荧光屏上得到稳定的、清晰的信号波形,掌握基本的触发功能及其操作方法是十分重要的。

1)触发源(source)选择

要使屏幕上显示稳定的波形,则需将被测信号本身或者与被测信号有一定时间关系的触发信号加到触发电路。触发源选择确定触发信号由何处供给。通常有三种触发源：内触发（INT）、电源触发（LINE）、外触发（EXT）。

（1）内触发使用被测信号作为触发信号，是经常使用的一种触发方式。由于触发信号本身是被测信号的一部分，在屏幕上可以显示出非常稳定的波形。双踪示波器中通道1或者通道2都可以选作触发信号。

（2）电源触发使用交流电源频率信号作为触发信号。这种方法在测量与交流电源频率有关的信号时是有效的。特别在测量音频电路、闸流管的低电平交流噪声时更为有效。

（3）外触发使用外加信号作为触发信号，外加信号从外触发输入端输入。外触发信号与被测信号间应具有周期性的关系。由于被测信号没有用作触发信号，所以何时开始扫描与被测信号无关。

正确选择触发信号对波形显示的稳定、清晰有很大关系。例如，在数字电路的测量中，对一个简单的周期信号而言，选择内触发可能好一些，而对于一个具有复杂周期的信号，且存在一个与它有周期关系的信号时，选用外触发可能更好。

2）触发耦合（coupling）方式选择

触发信号到触发电路的耦合方式有多种，目的是保证触发信号的稳定、可靠。这里介绍常用的几种：

（1）AC 耦合又称电容耦合。它只允许用触发信号的交流分量触发，触发信号的直流分量被隔断。通常在不考虑 DC 分量时使用这种耦合方式，以形成稳定触发。但是如果触发信号的频率小于 10 Hz，会造成触发困难。

（2）直流耦合（DC）不隔断触发信号的直流分量。当触发信号的频率较低或者触发信号的占空比很大时，使用直流耦合较好。

（3）低频抑制（LFR）触发时，触发信号经过高通滤波器加到触发电路，触发信号的低频成分被抑制；高频抑制（HFR）触发时，触发信号通过低通滤波器加到触发电路，触发信号的高频成分被抑制。

此外，还有用于电视维修的电视同步（TV）触发。这些触发耦合方式各有自己的适用范围，需在使用中去体会。

3）触发电平（level）和触发极性（slope）

触发电平调节又叫同步调节，它使得扫描与被测信号同步。电平调节旋钮调节触发信号的触发电平。一旦触发信号超过由旋钮设定的触发电平时，扫描即被触发。顺时针旋转旋钮，触发电平上升；逆时针旋转旋钮，触发电平下降。当电平旋钮调到电平锁定位置时，触发电平自动保持在触发信号的幅度之内，不需要电平调节就能产生一个稳定的触发。当信号波形复杂，用电平旋钮不能稳定触发时，用释抑（hold off）旋钮调节波形的释抑时间（扫描暂停时间），能使扫描与波形稳定同步。

极性开关用来选择触发信号的极性。拨在"＋"位置上时，在信号增加的方向上，当触发信号超过触发电平时就产生触发。拨在"－"位置上时，在信号减少的方向上，当触发信号超过触发电平时就产生触发。触发极性和触发电平共同决定触发信号的触发点。

6. 扫描方式（sweepMode）

扫描有自动（auto）、常态（norm）和单次（single）三种扫描方式。

自动：当无触发信号输入，或者触发信号频率低于 50 Hz 时，扫描为自激方式。

常态：当无触发信号输入时，扫描处于准备状态，没有扫描线。触发信号到来后，触发扫描。

单次：单次按钮类似复位开关。单次扫描方式下，按单次按钮时扫描电路复位，此时"准备好（Ready）"灯亮。触发信号到来后产生一次扫描。单次扫描结束后，准备灯灭。单次扫描用于观测非周期信号或者单次瞬变信号，往往需要对波形拍照。

上面扼要介绍了示波器的基本功能及操作。示波器还有一些更复杂的功能，如延迟扫描、触发延迟、X–Y 工作方式等，这里就不介绍了。示波器入门操作是容易的，真正熟练则要在应用中掌握。值得指出的是，示波器虽然功能较多，但许多情况下用其他仪器、仪表更好。例如，在数字电路实验中，判断一个脉宽较窄的单脉冲是否发生时，用逻辑笔就简单得多；测量单脉冲脉宽时，用逻辑分析仪更好一些。

四、任务实施

（一）仪器及设备

（1）电子示波器　　　　　　　　　　　　　　　　　　　　　1 台

（2）低频信号发生器　　　　　　　　　　　　　　　　　　　1 台

（3）实验材料　　　　　　　　　　　　　　　　　　　　　导线若干

（二）实验内容及方法

（1）检查示波器通电前各主要旋钮开关的位置是否符合要求。示波器准备采用连续扫描的工作方式。

（2）核对市电电源是否符合仪器要求之后，接通示波器以及低频信号发生器的工作电源，预热 10 min 左右。

（3）顺时针调节示波器的"辉度"旋钮，使荧光屏上出现一条适当亮度的光迹；调"X 轴移位"和"Y 轴移位"旋钮，使亮线的位置适中；反复调节"辉度""聚焦""辅助聚焦"旋钮，使光迹成为宽 1 mm 左右的清晰亮线。

（4）调节低频信号发生器输出 50 Hz、有效值为 5 V 的正弦电压，将信号引至示波器的"Y 输入"端钮或插座。

（5）先调节示波器的"Y 轴衰减""Y 增益"旋钮或"V / DIV""V / cm"及其微调旋钮，使荧光屏上出现的图形在垂直方向的幅度合适。调节"扫描范围"旋钮，然后调节"扫描微调"旋钮，或者是调节"s/cm""t/div"开关及其微调旋钮，有的示波器还可以调节"整步增幅"、"稳定性"等旋钮，使在荧光屏上观察到两个周期的稳定清晰的波形。

只改变"Y 增益"旋钮（或"V/cm""V/DIV"的微调旋钮）位置，观察波形在垂直方向上的幅度变化。

只改变"Y 轴衰减"旋钮（或"V/cm""V/DIV"开关）位置，观察波形在垂直方向上的幅度变化。

只改变"X 轴移位"旋钮位置，观察波形位置变化。

只改变"Y 轴移位"旋钮位置，观察波形位置变化。

只改变"扫描范围"旋钮（或"s /cm""t /DIV"开关）位置，观察波形的变化。

只将"扫描范围"旋钮旋到"关"或"外 X"位置(或只将"＋""－""EXT"开关置"EXT"位置),而 X 输入为零,观察波形的变化。

(6)分别调节信号发生器的信号频率为 500 Hz 和 5 kHz,重新调节示波器面板旋钮,使在荧光屏上观察到两个周期的稳定清晰的波形。

五、思考与练习

1 分析示波器能否直接观测正弦电流的波形。若不能,该怎么办? 试简要说明实验方案。

2 实验报告要求:总结使用示波器定性观测电压波形的步骤。

任务五 线圈参数的测定

一、学习目标

(1)加深对正弦交流电路阻抗概念的理解。

(2)掌握三表法(电压表、电流表、功率表)测线圈参数。

(3)掌握功率表的结构、原理和使用方法。

二、任务描述

本任务主要让学生学习三表法测线圈参数,理解正弦交流电路阻抗的概念。学会电动式功率表的使用方法,理论联系实际,解决实际操作过程中出现的各种问题。

三、相关知识

电动式仪表是指可动线圈中的电流与固定线圈中的电流相互作用而工作的仪表,准确度高,可以交、直流两用,用来测量功率、相位角、频率等,是应用广泛的一种仪表。

(一)电动式仪表的结构和工作原理

电动式仪表主要由固定线圈和可动线圈组成,如图 4-13 所示。固定线圈分两部分绕在框架上,以产生均匀磁场;可动线圈固定在转轴上,轴上还固定有指针、旋转弹簧、空气阻尼片等。和磁电式仪表相同,可动线圈的电流也是从旋转弹簧引入的。由于固定线圈的电流不需经过旋转弹簧,所以固定线圈的导线可以选用较粗的导线。

当固定线圈中通以电流 I_1 时,根据电磁感应原理,将在线圈周围产生磁场,其磁感应强度 B 与电流 I_1 成正比。若可动线圈也通入电流 I_2,则可动线圈在磁场 B 中将受到电磁力的作用,根据左手定则可判断出,可动线圈的左右两侧有效边受到的电磁力的方向刚好相反,大小与磁感应强度 B 和电流 I_2 的乘积成正比。该力矩可以表示为

$$T = K_1 I_1 I_2$$

此力矩将带动转轴和指针一起偏转。同时,旋转弹簧将产生反作用力矩,与指针的偏转角成正比,即

$$T_f = K_f \alpha \tag{4-16}$$

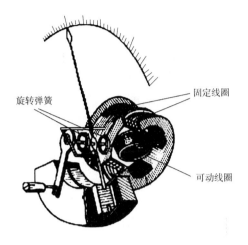

旋转弹簧

固定线圈

可动线圈

图 4-13　电动式仪表

当反作用力矩与转动力矩相等时,指针稳定下来,偏转角为

$$\alpha = \frac{K_1}{K_f}I_1 I_2 = KI_1 I_2 \tag{4-17}$$

式(4-17)说明,当测直流电时,偏转角与两个线圈所通电流的乘积成正比,依此可以刻出表盘,但表盘刻度不均匀。

指针的偏转方向取决于两个电流的方向,改变其中任何一个线圈的电流方向即可改变指针的偏转方向。若固定线圈和可动线圈的电流同时改变,则指针的偏转方向不变。因此,电动式仪表既可以测量直流量,也可以用来测量交流量。

对电动式仪表通入正弦交流电 i_1 和 i_2,与电磁式仪表相似,其转动力矩的瞬时值与两电流的瞬时值乘积成正比,同样,习惯上用平均值衡量被测量,则平均力矩为

$$T = \frac{1}{T}\int_0^T K_1 i_1 i_2 \mathrm{d}t = K_1' I_1 I_2 \cos\varphi \tag{4-18}$$

式中　I_1、I_2——交流电的有效值;

　　　$\cos\varphi$——交流电 i_1 和 i_2 相位差的余弦。

当用电动式仪表测交流电时,其偏转角为

$$\alpha = \frac{K_1}{K_f}I_1 I_2 \cos\varphi = KI_1 I_2 \cos\varphi \tag{4-19}$$

从式(4-19)可以看出,测交流电时,偏转角不仅与交流电的有效值有关,还与两电流的相位差的余弦成正比。因此,可以用电动式仪表来测量交流电功率。电动式仪表的阻尼装置与电磁式的相同。

(二)电动式仪表的特点

电动式仪表的优点是既可以测量交流、直流量,还可以测量非正弦交流量的有效值,由于没有铁芯的磁滞和涡流影响,所以准确度比电磁式仪表要高;缺点是刻度不均匀,过载能力差,仪表内部耗能大,由于可动线圈的电流从旋转弹簧引入,所以抗电磁干扰能力较差。电动式仪表一般适用于制作交、直流两用仪表和交流校准表,或用来制作功率表。

（三）电动式功率表

电动式仪表的偏转角不仅与两线圈电流的有效值有关，而且与它们的相位差的余弦有关，所以通常用电动式仪表来测量电功率。

1. 工作原理

测量功率时，电动式仪表可动线圈的电流从旋转弹簧流入，因为线圈的导线较细，所通过的电流较小，所以用可动线圈作为电压线圈（即可动线圈）串联倍压器后，与测量电路并联以测量负载电压。固定线圈的电流可直接流入线圈，因为线圈的导线较粗，可以通过较大电流，所以可作为电流线圈（即固定线圈）与被测电路串联以测量电流。功率表的结构示意和符号如图4-14所示。

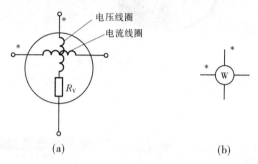

图4-14　电动式功率表

1）直流的情况

在测量直流功率时，电动式仪表的偏转角 $\alpha = KI_1 I_2$，可动线圈作为电压线圈，电压与电流同相，有

$$\alpha = KI_1 \frac{U}{R_2} = K_p IU \tag{4-20}$$

式中　K_p——分格常数。

由式（4-20）可知，电动式功率表的偏转角与功率 UI 成正比。也就是说，只要测出了指针的偏转格数，就可以算出被测量的电功率，即

$$P = UI = \frac{\alpha}{K_p} = C\alpha \tag{4-21}$$

式中　C——功率表每格所代表的功率，用量程除以满标值求得。

【例4-1】　功率表的满标值为1 000，现选用电压为100 V，电流为5 A的量程，若读数为600，求被测功率为多少？

解：若选用题目中的量程，则功率表每格所代表的功率为

$$C = \frac{I_m U_m}{\alpha_m} = \frac{5 \times 100}{1\,000} = 0.5(\text{W/格})$$

于是，被测功率　　　$P = C\alpha = 0.5 \times 600 = 300(\text{W})$

从上例可以看出，功率表的量程选择实际上是通过选择电压和电流量程来实现的。

2）交流的情况

在测量交流电时，电动式仪表的偏转角不仅与电压、电流有效值的乘积有关，而且与

它们的相位差的余弦有关。电动式功率表的电压线圈上的电压与其所通过的电流有一定的相差，但电动式仪表的电压线圈串有很大的分压电阻，其感抗与电阻相比可忽略，认为电压线圈上的电压与其电流基本同相，则有

$$\alpha = KI_1I_2\cos\varphi = KI_1\frac{U}{R_2}\cos\varphi = K_{\mathrm{p}}IU\cos\varphi \tag{4-22}$$

则单相交流电的功率

$$P = UI\cos\varphi = \frac{\alpha}{K_{\mathrm{p}}} = C\alpha \tag{4-23}$$

可见，由功率表测得的单相交流电的功率是平均功率，它与功率表的偏转角成正比。同理，只要测出了仪表的偏转表格，即可算出被测功率。

2. 功率表的选择和使用

功率表一般做成多量程，通常有两个电流量程、多个电压量程。两个电流量程分别用两个固定线圈串联或并联来实现，如串联为 0.5 A，并联就是 1 A。两个固定线圈有四个端子，都安装在表的外壳上。改变电流线圈的量程就是选择两个固定线圈是串联还是并联。不同的电压量程是用可动线圈串联不同阻值的附加电阻来实现的。电压量程的公共端钮标有符号"＊"。

1）功率表量程的选择

功率表的量程是由电流量程和电压量程来决定的。如某一瓦特计的电流量程为 0.5 A、1 A，电压量程为 150 V、300 V、600 V。若被测交流负载的电压有效值是 220 V，电流有效值为 0.4 A，则应选功率表的电压量程为 300 V，电流量程为 0.5 A，功率的量程等于电压量程与电流量程的乘积，即 300 V×0.5 A＝150 W，即功率表指针满刻度偏转时读数为 150 W。当电流线圈和电压线圈的量程都满足要求时，功率表的量程也就自然满足了。在实际测量时，为保护功率表，一般要接入电压表和电流表，以监视电压和电流不超过功率表的电压和电流的量程。

2）功率表的接线

功率表内部有两个独立支路，一个是电流支路，另一个是电压支路。当接入电路时，必须使固定线圈和可动线圈中的电流遵循一定的方向，使功率表的指针正方向偏转。为了使接线不发生错误，通常在电流支路和电压支路的一个端点上各标有"＊"特殊标记，称这个特殊标记为对应端（或同名端）。

因为电流线圈是串联接入电路的，其"＊"号端和电源端连接，非"＊"号端要接到负载端。对于电压线圈，其"＊"号端可以接到电流线圈的任一端，非"＊"号端必须跨接到负载的另一端，功率表电压线圈的对应端向前接到电流线圈的对应端，简称为前接法。前接法时，电流线圈的电流与负载电流相等，电压线圈的电压包括电流线圈的电压和负载的电压，功率表的读数包含了电流线圈消耗的有功功率。功率表电压线圈的对应端向后接到电流线圈的非对应端，简称为后接法。后接法时，电压线圈的电压与负载端电压相等，电流线圈中的电流包括电压线圈的电流和负载的电流，功率表的读数包括电压线圈损耗的有功功率。

3）功率表接法引起的误差计算

实际测量时究竟采用哪种接法，应该根据功率表参数和负载电阻的大小来选择。基

本原则是:功率表本身消耗的功率要尽量小,以减小仪表消耗对测量结果的影响。此外,应尽量使功率表消耗的功率在测量结果中可以修正。如果被测负载的电流总是变化的,而负载两端的电压 U 不变,应该采用后接法。反之,如果被测负载两端的电压总是变化的,而负载的电流 I 不变,应该采用前接法,此时电流线圈引起的功率测量误差 ΔP_A 也可以计算出来。如果电压电流都在变化,哪种接法引起的误差小,就用哪种接法。

4) 功率表的读数

功率表的刻度尺只标出分格数(如 150 个分格等)而不标瓦数,这是因为功率表一般是多量程的。在选用不同的电流量程和电压量程时,每分格代表的瓦数不同。每分格代表的瓦数称为功率表的分格常数。一般功率表都附有表格,标明了功率表在不同电流、电压量程上的分格常数,供读数时查用(实际读数时,很容易推导出分格常数)。按上述对应端接线时,一般情况下功率表指针正向偏转。但也有例外,如 φ 角大于 90°,功率表的指针会反偏转,这表示功率本身是负值,负载不是吸收功率而是发出功率。这时只要把电流线圈两个端子交换一下就可以了,但读数应记为负值。如果功率表面板上装有倒向开关,只要改变一下倒向开关,指针也会正向偏转,读数也要记为负值。

四、任务实施

(一)仪器及设备

(1)直流单臂电桥 QJ23 型	1 只
(2)滑线电阻 J2354 – 2 型(0 ~ 200 Ω)	1 只
(3)功率表 D51 型(75 V/150 V/300 V/600 V,2.5 A/5 A)	1 只
(4)交流电流表 T21 型(0 ~ 2.5 A,0.5 级)	1 只
(5)交流电压表 T21 – V 型(300 V/600 V,0.5 级)	1 只
(6)单相调压器 TSGC$_2$ – 1 型(1 kVA,0 ~ 250 V)	1 台
(7)被测电感线圈	1 只

(二)实验材料

导线若干。

(三)实验内容及方法

(1)按图 4-15 接线。其中,R 为滑线电阻,且取最大阻值。

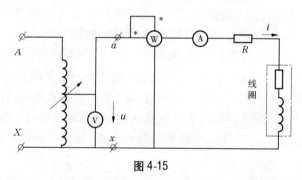

图 4-15

(2)调节调压器的输出电压使电流表的指示值为 0.5 A。将电压表的指示值 U 和功

率表的指示值 P 记入表 4-9 中。

表 4-9　实验数据

测量数据				计算数据		
仪表指示值				$\dfrac{U_R}{I}$	$r = \dfrac{P}{I^2} - R$	$L = \dfrac{\sqrt{\left(\dfrac{U}{I}\right)^2 - (R+r)^2}}{\omega}$
U	I	P	U_R	R	r	L

五、思考与练习

1　根据自己学院实际情况,试想用其他方法测量线圈参数,哪一种最为准确?

2　实验报告要求:完成表 4-9 的计算。

任务六　日光灯电路

一、学习目标

(1)熟悉日光灯的接线,了解日光灯的工作原理。

(2)掌握功率表的接线方法。

(3)理解改善电路功率因数的意义。

二、任务描述

本任务主要让学生学习提高电路功率因数的方法,掌握日光灯的工作原理以及功率表的接线。理论联系实际,解决日常生活中日光灯出现的各种问题。

三、相关知识

(一)日光灯电路组成

日光灯电路由灯管、镇流器、启辉器三部分组成。图 4-16 是日光灯电路,图中 1 是灯管,2 是镇流器,3 是启辉器。

灯管是一根细长的玻璃管。内壁均涂有荧光粉。管内充有水银蒸气和稀薄的惰性气体。在管子的两端装有灯丝,在灯丝上涂有受热后易发射电子的氧化物。镇流器是一个带有铁芯的电感线圈。启辉器内部结构如图 4-17 所示,其中 1 是圆柱形外壳,2 是辉光管,3 是辉光管内部的倒形双金属片,4 是固定触头,通常情况下双金属片和固定触头是分开的,5 是小容量的电容器,6 是启辉器插头。

(二)日光灯的启辉过程

当接通电源以后,由于日光灯没有点亮,电源电压全部加在启辉器的两端,使辉光管

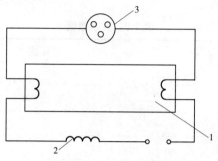

图 4-16　日光灯电路图

内的两个电极放电,放电产生热使双金属片受热趋向伸直,与固定触头接通。这时,日光灯的灯丝与辉光管内的电极、镇流器构成一个回路。灯丝因通过电流而发热,从而使氧化物发射电子。同时,辉光管内两个电极接通时电极之间的电压为零,辉光放电停止。双金属片因温度下降而复原,两电极脱离。在电极脱开的瞬间,回路中的电流因突然切断,立即使镇流器两端感应电压比原电源电压高得多。这个感应电压连同电源电压一起加在灯管两端,使灯管内惰性气体分子而放电,同

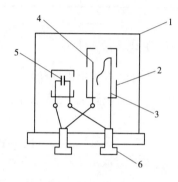

图 4-17　启辉器内部结构

时辐射出不可见的紫外线,而紫外线激发灯管壁的荧光物质发出可见光。

　　日光灯点亮后两端电压较低,灯管两端的电压不足以使启辉器辉光放电。因此,启辉器只在日光灯起辉时有作用。一旦日光灯点亮,启辉器处在断开状态,此时镇流器、灯管流过相同的电流形成一个回路。由于镇流器与灯管串联并且感抗很大,因此可以限制和稳定电路的工作电流。

四、任务实施

(一)仪器及设备

(1)单相调压器 TSGC2 – 1 型(1 kVA,0 ~ 250 V)　　　　　　　　　1 台
(2)交流电压表 T21 – V 型(300 V/600 V,0.5 级)　　　　　　　　1 只
(3)交流电流表 T21 型(0 ~ 2.5 A,0.5 级)　　　　　　　　　　　1 只
(4)功率表 D51 型(75 V/150 V/300 V/600 V,2.5 A/5 A)　　　　1 只
(5)电容箱 FMBe 型(0 ~ 22 μF)　　　　　　　　　　　　　　　1 台
(6)日光灯实验板　　　　　　　　　　　　　　　　　　　　　　1 块
(7)单刀开关　　　　　　　　　　　　　　　　　　　　　　　　1 只

(二)实验材料

导线若干。

（三）实验内容及方法

1. 日光灯电路参数的测量

（1）按图 4-18 连接线路。

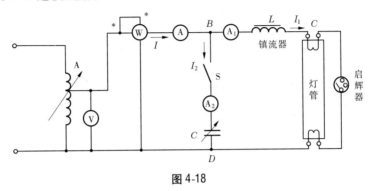

图 4-18

（2）断开电容支路的开关 S,将调压器输出电压从零逐渐调高。测量日光灯起辉时的电源电压 U_{DB}、灯管两端电压 U_{DC}、镇流器两端电压 U_{BC} 和电流 I_1 及功率表的指示值 P,记入表 4-10 的"顺序 1"栏中。

（3）将调压器的输出电压调到日光灯的额定电压 220 V,使日光灯正常工作。重测电压 U_{DB}、U_{DC}、U_{BC} 及电流 I_1 和功率 P。记入表 4-10 的"顺序 2"栏中。

表 4-10 实验数据（一）

项目		测量数据					计算数据			
		U_{DB}	U_{DC}	U_{BC}	I_1	P	$\cos\varphi$	R	r	L
单位										
顺序	1									
	2									

根据以上的测量数据,按下列公式计算日光灯电路参数。

日光灯灯管电阻 $R = U_{DC}/I_1$,镇流器的电阻 $r = P/I_1^2$,镇流器的感抗 $X_L = \sqrt{\left(\dfrac{U_{BC}}{I_1}\right) - r^2}$,镇流器的电感量 $L = X_L/(2\pi f)$,f 为工频 50 Hz。

由于日光灯灯管和镇流器分别是非线性电阻和非线性电感,所以电流不同时其电路参数也不同。

2. 改善日光灯电路的功率因数

合上电容支路的开关 S,将电容 C 从零开始逐步增加,使电路从感性变到容性。每改变电容 C 一次,测出日光灯支路电流 I_1、电容支路电流 I_2、总电流 I 和电路的功率 P,记入表 4-11 中。实验时维持 U_{DB} 为 220 V 不变。

判断电路从感性变到容性的方法是观察总电流 I 的变化情况。当总电流 I 随着电容支路电容量的逐渐增大由减小转变为增加时,电路从感性变到了容性。

表 4-11　实验数据(二)

项目	U_{DB}	C	I	I_1	I_2	P	$\cos\varphi$	Q
单位								
顺序 1								
顺序 2								
顺序 3								
顺序 4								
顺序 5								

五、思考与练习

1　用相量图分析在感性负载两端并接适当电容以后为何可以提高电路的功率因数,并指出感性负载支路的电流有效值、功率因数和有功功率与并联电容 C 有无关系。

2　注意事项:

(1)日光灯的启动电流较大,启动时可用单刀开关将功率表的电流线圈和电流表短路,防止仪表损坏。

(2)在改善日光灯电路的功率因数的实验中,必须测出 $\cos\varphi$ 接近 1 和 0.85 的两组数据。

(3)注意日光灯电路的正确接线,所用镇流器、启辉器和灯管三者的额定功率要相符合。

3　实验报告要求:

(1)完成表 4-10 和表 4-11 中的各项计算。

(2)在同一坐标纸上作出 $\cos\varphi$ 及总电流随电容变化的曲线。

(3)利用表 4-11 中的数据画出最接近 $\cos\varphi = 0.85$ 时的相量图。

(4)若日光灯电路在正常的电压作用下不能启辉,如何用万用表查出故障部位? 试写出简捷的步骤。

任务七　单相电度表的认识实验

一、学习目标

(1)熟悉单相电度表的接线。
(2)观察电度表的启动电流、潜动和电度表铝盘的反转。
(3)了解电度表的校验方法。

二、任务描述

本任务主要让学生学习单相电度表的原理,能给单相电度表正确接线,并且了解电度表的校验方法,理论联系实际,解决实际操作过程中出现的各种问题。

三、相关知识

电度表是一种测量电能的仪表。测量交流电能的电度表一般都采用感应系测量机构。所谓感应系测量机构,是指利用几个铁芯、线圈产生的磁通与这些磁通在可动部分的导体中感应的电流之间的作用力而工作的测量机构。

(一)单相电度表的结构和工作原理

1. 结构

单相感应系电度表是感应系电度表中最简单的一种,也是构成三相电度表的基础,主要由以下三个部分组成,如图4-19所示。

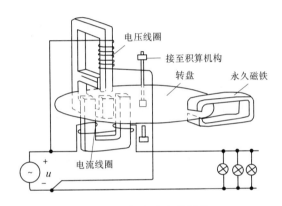

图4-19　单相电度表的结构

(1)驱动机构。用来产生转动力矩,包括电压线圈、电流线圈和铝制转盘。当电压线圈和电流线圈通过交流电流时,就有交变的磁通穿过转盘,在转盘上感应出涡流,涡流与交变磁通相互作用产生转动力矩,从而使转盘转动。

(2)制动机构。用来产生制动力矩,由永久磁铁和转盘组成。转盘转动后,涡流与永久磁铁的磁场相互作用,使转盘受到一个反方向的磁场力,从而产生制动力矩,致使转盘以某一转速旋转,其转速与负载功率的大小成正比。

(3)积算机构。用来计算电度表转盘的转数,以实现电能的测量和计算。转盘转动时,通过蜗杆及齿轮等传动机构带动字轮转动,从而直接显示出电能的度数。

2. 工作原理

交流电流流过电压线圈和电流线圈使铁芯中产生交变磁通,随着时间的增长,同方向的磁通出现位置向右移动。移进的方向是从相位超前的磁通位置向相位滞后的磁通位置,所以叫移进磁场。移进磁场在"扫过"铝盘时,铝盘中产生感应电流(称涡流),涡流与移进磁场相互作用而产生力磁力矩,推动铝盘转动,从而由计度器积算出负载电流。

(二)单相电度表的接线

单相电度表接线时,电流线圈与负载串联,电压线圈与负载并联。单相电度表共有四根连接导线,两根输入,两根输出。电流线圈及电压线圈的电源端应接在相(火)线上,并靠近电源侧。如图4-20所示,接线原则即"火线1进2出","零线3进4出"。

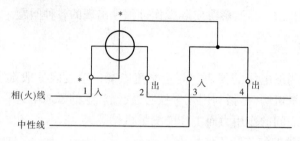

图 4-20　单相电度表的接线

（三）单相电度表的正确使用

（1）交流电流的频率与电度表的频率应相等。

（2）要求负载的电压和电流不超过所用电度表的额定值。

（3）灵敏度和潜动是电度表的两个重要技术数据。灵敏度是指在额定电压、额定频率及 $\cos\varphi = 1$ 的条件下，负载电流从零开始均匀增加，直至铝盘开始转动的最小电流和额定电流的百分比。潜动是指负载电流为零时电度表的转动。在选择电度表时要求这两个数据达到规定要求。按规定灵敏度不大于 0.5%，潜动是在线路电压为额定电压的 80% ~ 110% 时铝盘转动不应超过一周。

（4）电度表安装测量时要垂直，倾斜度不大于 1°。

四、任务实施

（一）仪器及设备

（1）单相调压器 TSGC₂ – 1 型（1 kVA，0 ~ 250 V）	1 台

（1）单相调压器 TSGC$_2$ – 1 型（1 kVA，0 ~ 250 V）　　　　　　　　　1 台

（2）交流电压表 T21 – V 型（300 V/600 V，0.5 级）　　　　　　　　　1 只

（3）电流表 T21 型（0 ~ 2.5 A，0.5 级）　　　　　　　　　　　　　　1 只

（4）功率表 D51 型（75 V/150 V/300 V/600 V，2.5 A/5 A）　　　　　1 只

（5）单相电度表 DD862 – 4 型（220 V，2.5 A/10 A）　　　　　　　　1 只

（6）秒表　　　　　　　　　　　　　　　　　　　　　　　　　　　1 块

（7）滑线电阻　　　　　　　　　　　　　　　　　　　　　　　　　1 只

（8）单刀开关　　　　　　　　　　　　　　　　　　　　　　　　　1 只

（二）实验材料

导线若干。

（三）实验内容及方法

1. 观察电度表潜动

按图 4-21 接线。然后，断开电流回路，使负载电流为零。调节调压器的输出电压为电度表额定电压的 80% ~ 110%。观察电度表有无潜动。

2. 使用秒表、功率表校验单相电度表

将电度表的接线盒内的电压线圈和电流线圈的连片断开。按图 4-21 接线，认真检查线路。然后按表 4-12 的要求，记录电度表铝盘转 10 圈所需要的时间 t 和功率表的指示值 P，并且计算电度表的相对误差 γ 和电度表铝盘转 10 圈所需要的理论时间 T：

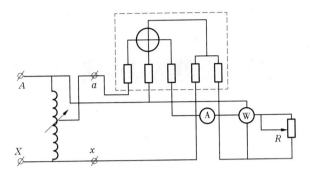

图4-21　实验接线

$$T = 3.6 \times 10^6 \frac{N}{CP} \qquad (4\text{-}24)$$

式中　N——电度表铝盘转数(N是由实验指定的数据)；

　　　C——电度表常数，r/kWh；

　　　P——功率表的指示值，W。

　　电度表的相对误差为

$$\gamma = \frac{T - t}{T} \times 100\% \qquad (4\text{-}25)$$

表4-12　实验数据

电度表型号：					电度表常数C：		额定电流I_N：
项目		测量数据				计算数据	
		U	I	N	t	P	T	γ
单位		V	A	r	s	W	s	
顺序	1							
	2							
	3							

　3. 观察电度表铝盘的反转及启动电流

　(1)在图4-21的实验电路中，将调压器的输出电压由零逐渐调高，同时观察电度表铝盘的转动及电流表的指示值，测量铝盘开始转动时的最小电流(为了测量方便，电流表可换用毫安表)。

　(2)在图4-21的实验电路中，将电度表的电流线圈反接。电压线圈的电压为220 V，调节调压器的输出电压，使电流线圈的电流为额定电流的10%，观察铝盘反转。

五、思考与练习

写实验报告：完成表4-12中的计算。

项目五 三相交流电路基本实验及功率的测量

任务一 星形负载的三相电路

一、学习目标

(1)学会分析三相星形负载的三相电路的特点。

(2)学习使用三相调压器。

(3)学习使用钳表。

(4)了解中线的作用;获得 Y – Y 不对称三相电路中性点电压一般不为零的感性认识;验证 Y 形负载相电压对称时一定有 $U_L = \sqrt{3}\,U_P$ 的关系。

二、任务描述

本任务让学生学习使用三相调压器和钳表,学习三相星形负载时中线的作用,掌握星形负载的特点。能理论联系实际,解决实际操作过程中出现的各种问题。

三、相关知识

星形连接如图 5-1 所示。

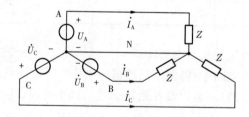

图 5-1 星形连接

相电流:负载中的电流。$I_L = I_P$

线电流:火线中的电流。

在三相电路中,每相负载中的电流应该一相一相地计算。在忽略导线阻抗的情况下,各相负载承受的电压就是电源对称的相电压,因此各相电流为

$$\dot{I}_A = \frac{\dot{U}_A}{Z_a}, \dot{I}_B = \frac{\dot{U}_B}{Z_b}, \dot{I}_C = \frac{\dot{U}_C}{Z_c} \tag{5-1}$$

如果负载是对称的，即 $Z_a = Z_b = Z_c = Z = |Z| \angle \varphi_Z$，则：

$$\begin{cases} \dot{I}_A = \dfrac{\dot{U}_A}{Z} = \dfrac{U_P \angle 0°}{|Z| \angle \varphi_Z} = \dfrac{U_P}{|Z|} \angle - \varphi_Z \\[2mm] \dot{I}_B = \dfrac{\dot{U}_B}{Z} = \dfrac{U_P \angle -120°}{|Z| \angle \varphi_Z} = \dfrac{U_P}{|Z|} \angle (-120° - \varphi_Z) \\[2mm] \dot{I}_C = \dfrac{\dot{U}_C}{Z} = \dfrac{U_P \angle 120°}{|Z| \angle \varphi_Z} = \dfrac{U_P}{|Z|} \angle (120° - \varphi_Z) \end{cases} \tag{5-2}$$

中线中没有电流，即

$$\dot{I}_N = \dot{I}_A + \dot{I}_B + \dot{I}_C = 0 \tag{5-3}$$

四、任务实施

(一)仪器及设备

(1)交流电流表 T21 型(0～2.5 A,0.5 级)	4 只
(2)万用表 DT－992288B 型	1 只
(3)三相调压器 TSGC2－3 型(0～400 V)	1 台
(4)试电笔	1 支
(5)钳表	1 只
(6)电压表 T21－V 型(300 V/600 V,0.5 级)	1 只
(7)三相电灯负载	1 只

(二)实验内容及方法

(1)将三只相同规格的电灯按图 5-2 连接。合上开关 S，测量对称星形负载在三相四线制电路(有中线)中的线电压、负载相电压、各线(相)电流和中线电流，记入表 5-1。

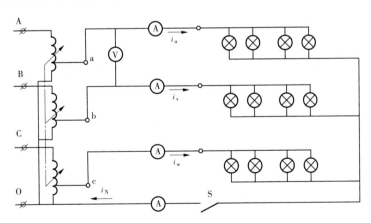

图 5-2　星形负载的三相电路

表 5-1　实验数据（一）

测量项目分类		线电压（V）			负载相电压（V）			线（相）电流（A）			中线电流	中点位移电压
		U_{AB}	U_{BC}	U_{CA}	U_A	U_B	U_C	I_A	I_B	I_C	I_N	$U_{N'N}$
对称负载	有中线											
	无中线											
不对称负载	有中线											
	无中线											

（2）打开开关 S，测量对称星形负载在三相三线制电路（无中线）中的线电压、负载相电压、各线（相）电流和中点移位电压，记入表 5-1。

（3）用一只不同规格的灯泡换下上述实验电路中的 A 相灯泡。合上开关 S，测量不对称星形负载在三相四线制电路（有中线）中的线电压、负载相电压、各线（相）电流和中线电流，记入表 5-1。

（4）打开开关 S，测量不对称星形负载在三相三线制电路（无中线）中的线电压、负载相电压、各线（相）电流和中点移位电压，记入表 5-1。

五、思考与练习

1　根据实验数据，分析说明中线在各种负载情况下的作用。

2　通过实验分析，说明中线上是否能装保险丝或开关。

3　写实验报告。实验报告要求：

（1）画出实验电路对称时的电压、电流相量图。

（2）根据实验数据说明 $U_L = \sqrt{3}\,U_P$ 何时才成立。

任务二　三角形负载的三相电路

一、学习目标

（1）学习三角形负载的正确连接方法。

（2）熟悉钳表的使用。

（3）研究三角形负载线电流和相电流的有效值关系。

二、任务描述

本任务主要让学生学习三相三角形负载的正确连接，掌握三角形负载线电流与相电流之间的关系。理论联系实际，解决实际操作过程中出现的各种问题。

三、相关知识

三角形连接如图 5-3 所示。

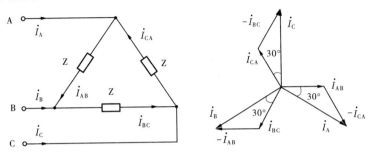

图 5-3　三角形连接

相电流：

$$\begin{cases} \dot{I}_{AB} = \dfrac{\dot{U}_{AB}}{Z} = \dfrac{U_P \angle 0°}{|Z| \angle \varphi_Z} = \dfrac{U_P}{|Z|} \angle -\varphi_Z \\[3mm] \dot{I}_{BC} = \dfrac{\dot{U}_{BC}}{Z} = \dfrac{U_P \angle -120°}{|Z| \angle \varphi_Z} = \dfrac{U_P}{|Z|} \angle (-120° - \varphi_Z) \\[3mm] \dot{I}_{CA} = \dfrac{\dot{U}_{CA}}{Z} = \dfrac{U_P \angle 120°}{|Z| \angle \varphi_Z} = \dfrac{U_P}{|Z|} \angle (120° - \varphi_Z) \end{cases} \quad (5-4)$$

线电流：

$$\dot{I}_A = \dot{I}_{AB} - \dot{I}_{CA} = \sqrt{3} I_{AB} \angle -30°$$

$$\dot{I}_B = \dot{I}_{BC} - \dot{I}_{AB} = \sqrt{3} I_{BC} \angle -30° \quad (5-5)$$

$$\dot{I}_C = \dot{I}_{CA} - \dot{I}_{BC} = \sqrt{3} I_{CA} \angle -30°$$

$$I_L = \sqrt{3} I_P \quad (5-6)$$

四、任务实施

（一）仪器及设备

（1）三相调压器 TSGC2 - 3 型（0 ~ 400 V）	1 台
（2）交流电流表 T21 型（0 ~ 2.5 A,0.5 级）	3 只
（3）交流电压表 T21 - V 型（300 V/600 V,0.5 级）	1 只
（4）钳表	1 只
（5）三相电灯负载	1 只
（6）单刀开关	1 只

（二）实验材料

导线若干。

（三）实验内容及方法

（1）按图 5-4 所示原理电路接线，其中开关 S_1、S_2 可预置在闭合状态。

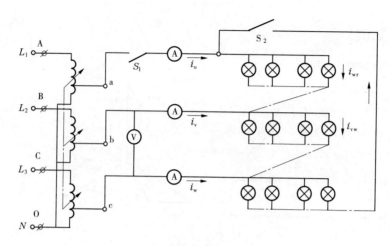

图 5-4　三角形负载的三相电路

（2）负载对称情形。

在开关 S_1 和 S_2 都合上、三角形负载对称的情形下，接通三相电源。调节三相调压器的输出电压 U_{ab} 为 220 V，测量负载的各相电压、线电流、相电流的有效值，将实验数据记入在表 5-2 中。

表 5-2　实验数据（二）

电路工作状态	线电压			线电流			负载相电流		
	U_{ab}	U_{bc}	U_{ca}	I_a	I_b	I_c	I_{ab}	I_{bc}	I_{ca}
负载对称									
负载不对称									
原先对称的负载一相断路									
一根端线断线									

（3）原先对称的负载一相断路的情形。

开关 S_1 仍然闭合，开关 S_2 打开，接通三相电源。在三相调压器输出电压 U_{ab} 为 220 V 的情形下按表 5-2 的要求进行测量并记录。

做本项实验时，负载相电流可用钳表进行测量。

（4）一根端线断线的情形。

开关 S_2 闭合，开关 S_1 断开，接通三相电源。在三相调压器输出电压 U_{ab} 为 220 V 的情形下按表 5-2 的要求进行测量并记录。

（5）三角形负载不对称情形。

三角形负载对称时，每相负载为相同规格的电灯两两并联之后再串联组成的。现从 U 相取下两只灯泡，使 U 相负载为两只相同规格的灯泡串联组成。S_1 和 S_2 两个开关均闭合，仍调节调压器输出电压 U_{ab} 为 220 V，测量各线电压、线电流和负载相电流并记录在表 5-2 中。

五、思考与练习

1　不用三相调压器能否完成本次实验的各项测量？为什么？

2　写实验报告。实验报告要求：

(1)归纳满足什么条件时，三相正弦电路中关系式 $I_L = \sqrt{3}I_P$ 才能成立。

(2)根据实验数据，先画出电源正序时的各线电压相量，再画出三角形负载不对称时的各相电流相量。然后由相量图求出线电流的有效值，并与实验数据相比较。

(3)总结钳表的使用方法及其优缺点。

(4)分析三角形负载的三相电路能否进行一相负载短路的实验。

任务三　三相电路功率的实验测定

一、学习目标

(1)掌握三相电路有功功率的常用测量方法。

(2)掌握功率表的使用方法和测量原理。

(3)了解三表跨相法测三相无功功率。

二、任务描述

本任务主要让学生学习三相电路有功功率的测量方法，掌握两表法的使用范围。理论联系实际，解决实际操作过程中出现的各种问题。

三、相关知识

三相交流电的功率有以下三种测量方法：

(1)一表法。对于三相对称电路，由于各相负载所消耗的功率相等，所以可以采用一瓦计法测量出一相的功率，然后乘以3，则为三相的功率，即

$$P = 3P_1 \tag{5-7}$$

(2)两表法。对于三相三线制电路，不论负载是星形还是三角形，都可以采用两瓦计法来测量功率，如图 5-5 所示。两个功率表的读数之和即为三相总功率，即 $P = P_1 + P_2$。

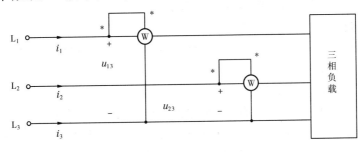

图 5-5　两表法接线示意

由图 5-5 可以看出：

$$P_1 = U_{13}I_1\cos\alpha, P_2 = U_{23}I_2\cos\beta \tag{5-8}$$

式中　　α——线电压 u_{13} 与线电流 i_1 的相位差；

　　　　β——线电压 u_{23} 与线电流 i_2 的相位差。

采用两表法进行测量时，两个功率表的电流线圈串接在三相电路中任意两相以测线电流，电压线圈分别跨接在电流线圈所在相和公共相之间以测线电压。应该注意的是，电压线圈和电流线圈的进线端"＊"仍然应该接在电源的同一侧，否则将损坏仪表。

（3）三表法。对于三相四线制电路，通常采用三瓦计法测量功率，如图 5-6 所示。三个功率表的代数和即为三相总功率，即

$$P = P_1 + P_2 + P_3$$

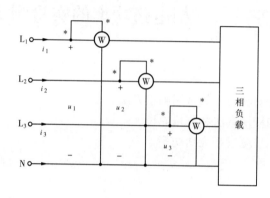

图 5-6　三表法接线示意

四、任务实施

（一）仪器及设备

（1）三相调压器 TSGC2 – 3 型（3 kVA,0 ~ 430 V）	1 只
（2）功率表 D51 型（75 V/150 V/300 V/600 V,2.5 A/5 A）	2 只
（3）三相电灯负载	1 只
（4）电容器箱 FMBe 型（0 ~ 22 μF）	1 台
（5）钳表	1 只
（6）万用表 DT – 992288B 型	1 只
（7）电流表 T21 型（0 ~ 2.5 A,0.5 级）	3 只

（二）实验材料

导线若干。

（三）实验内容及方法

1. 测量星形负载三相电路的有功功率

1）接线

按图 5-7 所示原理电路接线。其中，开关 S_N 预置在断开位置，因功率表只有一只，功率表暂不接入电路而是相应地在各端线串接，每盏灯的规格为"220 V、40 W"；C 为电容

箱且取值为 4 μF。

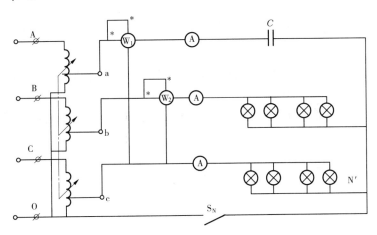

图 5-7　测量星形负载三相电路有功功率的原理电路

2）无中线情形

接通三相电源,用万用表的交流电压挡粗测负载各线电压、相电压有效值,用钳表粗测负载各线电流有效值,以便根据所得数据正确选用功率表的电压量限和电流量限。读取功率表 W_1、W_2,将实验数据记入表5-3中。

表5-3　实验数据(三)

电路工作状态	二表法		
	测量数据		计算数据
	$P_1(W)$	$P_2(W)$	$P = P_1 + P_2(W)$
无中线			
有中线			

3）有中线情形

在合上开关 S_N 的情形下接通三相电源,用万用表交流电压挡重新测量负载相电压有效值,用钳表重新测量负载各线电流有效值。之后,重新考虑正确选用功率表的电压量限和电流量限,按无中线时的操作程序依次读取各功率表的指示值并记入表5-3中。

2.测量三角形负载三相电路的有功功率

1）接线

按图 5-8 所示原理电路接线。其中,开关 S 预置在断开位置;各功率表均未实际接线而在各端线串联一只电流表;每盏灯的规格仍为"220 V 、40 W",C 为电容器箱且取值为 11 μF。

2）三角形负载对称情形

(1)接通三相电源,用钳表粗测负载线电流有效值,以便正确选用功率表的电流量限,仍按规定接好功率表。

(2)按照星形负载情形的操作程序,读取功率表 W_1、W_2 的指示值 P_1、P_2 并记入

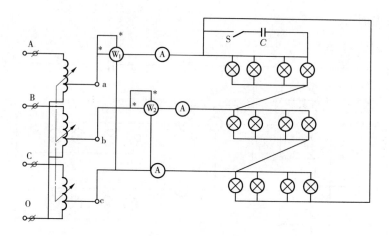

图 5-8　测量三角形负载三相电路有功功率的原理接线

表 5-4 中。

表 5-4　实验数据(四)

电路工作状态	测量数据		计算数据
	$P_1(\mathrm{W})$	$P_2(\mathrm{W})$	$P = P_1 + P_2(\mathrm{W})$
三角形负载对称			
三角形负载不对称			

3)三角形负载不对称情形

(1)在开关 S 合上的情况下接通三相电源,用钳表粗测负载的各线电流有效值,以便正确选用功率表的电流量限。

(2)读取功率表 W_1、W_2 的指示值 P_1、P_2 并记入表 5-4 中。

4)校核数据

对称三角形电阻负载的情形,$P_1 = P_2$。本项实验中,对称情形和不对称情形下三相总有功功率 P 应相同。据此,校核表 5-4 中的数据是否合理。

(四)预习要求

(1)本实验的项目较多,应认真阅读实验指导书,明确实验目的和方法。

(2)在图 5-8 所示实验电路,已知开关 S 打开时负载相电流有效值均为 0.35 A,开关 S 闭合时电容电流有效值为 1.5 A,试做出开关闭合后各线电压、相电流、线电流的相量图,分析两功率表指针的可能偏转方向。

(五)注意事项

(1)利用功率表电流线圈和电流插头配合,按图 5-7 接线时,应使电流线圈的"发电机端"接在靠近电源的一侧。按照这样正确的接线进行测量,如果功率表反偏,说明其指示值小于零。此时,为了读取实验数据,应将功率表上的换向开关由"+"转至"−"或者对调该功率表电流线圈两个端钮的接线。

(2)星形不对称实验时,有一相电灯电压超过其额定电压,实验时间不宜太长。

(3)要根据有关电压、电流的大小,适时更换功率表的电压量限和电流量限,能用小量限时不用大量限。

五、思考与练习

实验报告要求：

（1）分析图5-7所示实验电路开关 S_N 闭合时功率表 W_1 和 W_2 指示值之和是否反映三相有功功率。

（2）完成表5-3、表5-4 中的计算。

参考文献

[1] 贺令辉.电工测量与仪表[M].北京:中国电力出版社,2006.

[2] 王慧玲.电路基础实验与综合训练[M].北京:高等教育出版社,2007.

[3] 刘露萍.电工测量[M].郑州:黄河水利出版社,2011.